U0267115

国家古籍整理出版专项经费资助项目

中国历代园艺典籍整理丛书

培花奥诀录 赏花幽趣录

[清] 孙知伯 著

任群 朱传弟 译注

长江出版传媒
湖北科学技术出版社

图书在版编目（CIP）数据

培花奥诀录·赏花幽趣录 /（清）孙知伯著；任群，朱传弟译注. — 武汉：湖北科学技术出版社，2022.1
（中国历代园艺典籍整理丛书 / 程杰，化振红主编）
ISBN 978-7-5706-1746-3

I. ①培… II. ①孙… ②任… ③朱… III. ①花卉—观赏园艺—中国—清代 IV. ① S68

中国版本图书馆 CIP 数据核字 (2021) 第 246812 号

培花奥诀录·赏花幽趣录
PEIHUA AOJUE LU SHANGHUA YOUQU LU

责任编辑：周 婧 魏 珩
封面设计：胡 博
督 印：刘春尧

出版发行：湖北科学技术出版社
地 址：武汉市雄楚大街 268 号湖北出版文化城 B 座 13—14 层
电 话：027-87679468 邮 编：430070
网 址：http://www.hbstp.com.cn
印 刷：武汉市金港彩印有限公司 邮 编：430023
开 本：889mm×1194mm 1/32 11.75 印张
版 次：2022 年 1 月第 1 版
印 次：2022 年 1 月第 1 次印刷
字 数：380 千字
定 价：88.00 元

总序

花有广义和狭义之分。广义的花即花卉，统指所有观赏植物，而狭义的花主要是指其中的观花植物，尤其是作为观赏核心的花朵。古人云："花者，华也，气之精华也。"花是大自然的精华，是植物进化到最高阶段的产物，是生物界的精灵。所谓花朵，主要是被子植物的生殖器官，是植物与动物对话的媒介。花以鲜艳的色彩、浓郁的馨香和精致的结构绽放在植物世界葱茏无边的绿色中，刺激着昆虫、鸟类等动物的欲望，也吸引着人类的目光和嗅觉。

人类对于花有着本能的喜爱，在世界所有民族的文化中，花总是美丽、青春和事物精华的象征。现代研究表明，花能激发人们积极的情感，是人类生活中十分重要的伙伴。围绕着花，各种文化都发展起来，人们培植、观赏、吟咏、歌唱、图绘、雕刻花卉，歌颂其美好的形象，寄托深厚的情愫，装点日常的生活，衍生出五彩缤纷的物质与精神文化。

我国是东亚温带大国，花卉资源极为丰富；我国又是文明古国，历史十分悠久。传统文化追求"天人合一"，尤其尊重自然。"望杏敦耕，瞻蒲劝穑"，"花心柳眼知时节"，"好将花木占农候"，这些都是我国农耕社会古老的传统。"花开即佳节"，"看花醉眼不须扶，花下长歌击唾壶"，总是人生常有的赏心乐事。花田、花栏、花坛、花园、花市等花景、花事应运而生，展现出无比美好的生活风光。而如"人心爱春见花喜""花迎喜气皆知笑"，花总是生活幸福美满的绝妙象征。梅开五福、红杏呈祥、牡丹富贵、莲花多子、菊花延寿等吉祥寓意不断萌发、积淀，传载着人们美好的生活理想，逐步形成我们民族系统而独特的装饰风习和花语符号。至于广大文人雅士更是积极系心寄情，吟怀寓性。正如清人张璨《戏题》

诗所说，“书画琴棋诗酒花，当年件件不离它”。花与诗歌、琴棋、书画一样成了士大夫精神生活不可或缺的内容，甚而引花为友，尊花为师，以花表德，借花标格，形成深厚有力的传统，产生难以计数的文艺作品与学术成果，体现了优雅高妙的生活情趣和精神风范。正是我国社会各阶层的热情投入，使得我国花卉文化不断发展积累，形成氤氲繁盛的历史景象，展现出鲜明生动的民族特色，蕴蓄起博大精深的文化遗产。

在精彩纷呈的传统花卉文化中，花卉园艺专题文献无疑最值得关注。根据王毓瑚《中国农学书录》、王达《中国明清时期农书总目》统计，历代花卉园艺专题文献多达三百余种，其中不少作品流传甚广。如综类通述的有《花九锡》《花经》《花历》《花佣月令》等，专述一种的有《兰谱》《菊谱》《梅谱》《牡丹谱》等，专录一地的有《洛阳花木记》《扬州芍药谱》《亳州牡丹志》等，专录私家一园的有《魏王花木志》《平泉山居草木记》《倦圃莳植记》等。从具体内容看，既有《汝南圃史》《花镜》之类重在讲述艺植过程的传统农书，又有《全芳备祖》《花史左编》《广群芳谱》之类辑录相关艺文掌故辞藻的资料汇编，也有《瓶史》《瓶花谱》等反映供养观赏经验的专题著述。此外，还有大量农书、生活百科类书所设花卉园艺、造作、观赏之类专门内容，如明人王象晋《群芳谱》“花谱”、高濂《遵生八笺》“四时花纪”“花竹五谱”、清人李渔《闲情偶寄》“种植部”等。以上种种，构成了我国花卉园艺文献的丰富宝藏，蕴含着极为渊博的理论知识和专业经验。

湖北科学技术出版社拟对我国历代花卉园艺文献资料进行全面的汇集整理，并择取一些重要典籍进行注解诠释、推介普及。本丛书可谓开山辟路之举，主要收集古代花卉专题文献中篇幅相对短小、内容较为实用的十多种文献，分编成册。按成书时间先后排列，主要有以下这些。

1.《花九锡·花九品·花中三十客》，唐人罗虬、五代张翊、宋人姚宏等编著，主要是花卉品格、神韵、情趣方面标举名目、区分类别、品第高下的系统名录与说法。

2.《花信风·花月令·十二月花神》，五代徐锴、明人陈诗教、清人俞樾等编著，主要是花信、月令、花神方面的系统名录与说法。

3.《瓶花谱·瓶史·瓶史月表》，明人张谦德、袁宏道、屠本畯著，系统介绍花卉瓶养清供之器具选择、花枝裁配、养护欣赏等方面的技术经验与活动情趣，相当于现代所说的插花艺术指导。

4.《花里活》，明人陈诗教编著，着重收集以往文献及当时社会生活中生动有趣、流传甚广的花卉故事。

5.《花佣月令》，明人徐石麒著，以十二个月为经，以种植、分栽、下种、过接、扦压、滋培、修整、收藏、防忌等九事为纬，记述各种花木的种植、管理事宜。

6.《培花奥诀录·赏花幽趣录》，清人孙知伯著。前者主要记述庭园花木一年四季的培植方法，实用性较高；后者谈论一些重要花木欣赏品鉴的心得体会。

7.《名花谱》，清人沈赋编著，汇编了九十多种名花异木物性、种植、欣赏等方面的经典资料。

8.《倦圃莳植记》，清人曹溶著，列述四十多种重要花卉以及若干竹树、瓜果、蔬菜的种植宜忌、欣赏雅俗之事，进而对众多花木果蔬的品性、情

趣进行评说。

9.《花木小志》，清人谢堃著，细致地描述了作者三十多年走南闯北亲眼所见的一百四十多种花木，其中不乏各地培育出来的名优品种。

10.《品芳录》，清人徐寿基著，分门别类地介绍了一百三十六种花木的物性特色、种植技巧、制用方法等，兼具观赏和实用价值。

以上合计十九种，另因题附录一些相关资料，大多是关乎花卉品种名目、性格品位、时节月令、种植养护、观赏玩味的日用小知识、小故事和小情趣，有着鲜明的实用价值，无异一部"花卉实用小丛书"。我们逐一就其文献信息、著者情况、内容特点、文化价值等进行简要介绍，并对全部原文进行了比较详细的注释和白话翻译，力求方便阅读，衷心希望得到广大园艺工作者、花卉爱好者的喜欢。

程　杰　化振红

2018年8月22日

解题

作者孙知伯，号绍吴散人，明末清初人，事迹不详。本书《叙释》一章中有一些简单介绍。

> 知伯氏，厚谨人也，绍吴乃孙姓，盖借古封地名，以讳之耳。学少翁者，亦自谓也，总之立意在潜身远嫌，即姓名亦不敢轻易示于人，《培花》一录非真癖花，是以花为隐者也。公文武两途，俱得成名，仅一尝试，即为摆脱，无非却尘一念，兢兢不忘耳，此"倦还馆"之题名所自始也。今公历年六十有三，得子五人，各就分授业不复为虑，一味以花为事，是非不闻，声色又远，身安神怡，而延年有藉矣。

孙知伯不敢以真实姓名示人，虽然文武双全，但只能隐于花间，日日与花木为伴，用本书《总叙》里面的话讲就是："或混迹于禅林，或杂身于道院，居鲜常所，食无定方。惟于花草深处，则住足焉，一有可意，左顾右盼，端详至再，流连忘去，甚而饥餐落英，饱眠草上，既无名利之牵心，又无荣辱之在念。"

作者这种看似洒脱的生活态度，实际上是以有巨大的心理创伤为前提的，明清朝代更迭无疑是最重要的缘由。在这次更替中，人情冷暖、人性善恶无不历历呈现，因此本书行文当中屡屡有人不如花之叹。

他与当时居住在江夏（位于今湖北省武汉市）的艾然（艾木田）是好朋友。艾氏的经历详见本书附录《泣友文》，略如下。

吾友艾木田，讳然者，儒而洁者也，明季即辞泮宫，以花木为业，于东关外置一圃，名为万木园，门标一对云：“植木代耕，卖花买酒”。余经其地，见而奇之，遂造庐请教，出《卖花咏》《盆景诗》示余，议论颇惬，故与交厚，此识荆之始事也。

及兵变改革之后，友朋殷豪自恃者，破家丧躯，指不胜屈，独木田仍守故园无恙，可见世事之不足凭也。闻而往访，虽茅檐土壁不加粉饰，而竹木重阴尽堪幽赏，且木田忽而儒冠，忽而野服，时僧时俗，又自号野人，总出一种高尚不群之气。愤发莫能自由也。

艾然的事迹在其他材料中也能找到，如清朝章学诚《章氏遗书》卷廿四《湖北通志检存稿》章三十有传。

艾然字然，明江夏诸生，淡于进取，诗酒自豪，所居东门外，筑圃莳花，诸王孙多从之游。崇祯癸□，城陷，挈妻子走避鹿泉山，拾野蔬自给。后妻死益自放。国初，返东郭，结茅旧址，手种桃梅花果，而题其居曰“万木园”，署其门曰“卖花沽酒”。读书务览大概，不求甚解，著《周易疏》，无一剿说。性孤戆，见非礼，辄发竖眦裂，晚年气稍平易，署其斋曰待尽庵，年七十有三卒。

两则材料对照，足见作者所言属实。艾然是明朝遗民，清朝建立之后，他放弃功名，醉心花草，实际是不与清朝政权合作的，表现出了高尚的民族气节，相信在他的身上孙知伯一定看到了些许自己的影子。

古人的这种精神品质为后人所仰慕，但是他们的行为方式在当时看来往往是不可接受的，即使是孙知伯的儿子也会抱怨父亲的这种选择，如本书《赏花幽趣后叙》中他的儿子就说：

> 不惟遍访名园□□求赏，即途遇担负，亦必留盼，若属花贩，则延□□实，不论物力艰难，必以偿售得花为快，可称□好之甚者也。余虽释褐，犹困家园，诸弟亦仅厕名黉宫，株守穷经，□□□□之□□尽□省之私。严君又林居有年，家□□□□□多窘，实为家门忧也。

他的这种行为仅仅在经济上就给家人带来了压力，家人们不无怨言，足见鼎革之际，士大夫行藏的选择也是面临着多重压力的。

孙知伯的这本书分前、后两集，即前集《培花奥诀录》和后集《赏花幽趣录》，每集分上、下两卷。前集《培花奥诀录》，分九个子目，分别是："新镌培花奥诀录叙""叙释""图卉说""别墅诸制""接剥大要""盆景""瓶花""总评""附《鱼》《鸟》《虫》三种"。不仅讲到花木的种植、嫁接、养护，还涉及了盆景、瓶花和鱼鸟虫类，名目之多，分类之细，堪称我国古代饲养动物、培植花草的"四库全书"。

后集《赏花幽趣录》，上卷已经缺失，仅就下卷来看，是一部教人具体该如何赏花的书。下卷有八个子目，分别是"百卉园，坠天花""琴花释闷""笔花解疴""烟花醉酒""华林逸事""蕊宫杂记""附《泣友文》""赏花幽趣后叙"。赏花中需要注意的细节都有说明，而且各种花边小料也尽

量摘录，内容不可谓不丰富，情调也不可谓不高雅。

当我们惊叹于孙知伯丰富渊博的花卉学知识时，也应该看到这本书的内容对前代花卉学知识是有所借鉴的，主要来源于《全芳备祖》《花镜》《遵生八笺》《山堂肆考》等书。而本书摘录的欣赏花卉的诗歌直接就是明朝徐渭的作品，琴曲则为明朝杨表正的《重修正义对音捷要真传琴谱》，只是作者没有直接说明出处，会让人误解这是他本人的创作。这些诗歌、琴谱以欣赏为主，故不再对其进行翻译。

这本书值得肯定的地方在于记录了一些孙知伯自己和同时代人的种花经验之谈，这是前人所未谈到的。这些知识源于现实，并借知伯之手得以保存至今，算得上是宝贵的史料，不仅可以了解那个时代的生活方式和农学知识，对后代的花卉种养也有一定的借鉴作用。此外，后集《赏花幽趣录》里面的“烟花醉酒”一节中，收录了不少灯谜，这对后人研究当时的民俗民情非常有帮助。

本书明清各公私书目俱未见著录，现有国家图书馆藏本，录作“明刻本”（误，根据孙知伯的生平应该是清刻本）。此书四周双边，白口，无鱼尾，半页八行，行十九字。卷首序作“新镌培花奥诀录叙”，是否为第二次刊刻已不知晓，疑为书贾为招人眼目，故作此语。遗憾的是该藏本并非全本，后集《赏花幽趣录》的上卷已经亡佚，而且书中多处文字已经漫漶不可识别，故在行文时多用“□”代替，期望能得到另一善本以互校。限于编译者的水平，错误在所难免，望广大读者批评指正。

目录

后集 赏花幽趣录 下卷 / 213

花录总叙

知翁不知何许人也，闻老致归林，儿女之事甫[1]就，云壑[2]之念遂决，一瓢一衲[3]，竹杖芒鞋[4]，或混迹于禅林，或杂身于道院，居鲜[5]常所，食无定方。惟于花草深处，则住足焉，一有可意，左顾右盼，端详至再，流连忘去，甚而饥餐落英，饱眠草上，既无名利之牵心，又无荣辱之在念，喜花之开放有情，色笑无伪，俨如至尊[6]手拈，迦叶[7]默悟，刘真[8]头插，达磨皈依。知翁其花里修行者乎？试观旧著《花录》一书，前集则看破尘俗，藉[9]栽植以敛身心，后集则意在解脱，假玩赏以适性情。夫岂徒乃逾郭橐[10]，雅重陶爱，仅仅为培赏《花录》已耶？实亦超然，仙佛之秘谛真诠也。

余素景仰高风[11]，不能颦效[12]，日惟典二录是亲，借镜自照，收养身心，或可少宽名缰利锁万一也。近缘风雅时尚，板平字朦，余又从而新之，以俟吾侪[13]功成身退，得借津梁[14]，昙花再见[15]，庶[16]不负斯录之重梓[17]也。谨叙。

寓形庵无我主人题

注释

〔1〕甫：刚刚，才。

〔2〕云壑：云气遮覆的山谷。

〔3〕衲：僧衣。

〔4〕芒鞋：用芒茎外皮编织成的鞋，亦泛指草鞋。

〔5〕鲜：少。

〔6〕至尊：佛祖释迦牟尼。

〔7〕迦叶：佛祖弟子。

〔8〕刘真：全真教的刘处元。据道教神话故事所述，刘处元成仙后，禅宗的达摩祖师前来点化，见他正头插鲜花，与众妓女厮混，本有意相难，未料被其识破，达摩自觉道行浅薄，遂皈依全真教。

〔9〕藉：同“借”，借此。

〔10〕郭橐（tuó）：郭橐驼的简称，其人善于种树，详见唐朝柳宗元所作《种树郭橐驼传》。

〔11〕高风：高尚的风范操守。

〔12〕颦效：比喻盲目模仿，效果适得其反。出自《庄子》：“西施病心而颦其里，其里之丑人见之而美之，归亦捧心而颦其里。其里之富人见之，坚闭门而不出；贫人见之，挈妻子而走。彼知颦美，而不知颦之所以美。”

〔13〕侪（chái）：辈；类。

〔14〕津梁：桥梁，比喻能起到像桥梁一样作用的人或事物。

〔15〕见（xiàn）：古同“现”，出现，显露。

〔16〕庶：但愿，希冀。

〔17〕重梓：重刻。梓，用于雕版印刷的木板。

译文

知翁不知道是什么地方的人，只听闻他年纪大了，儿女的事情刚刚安排妥当，就决心归隐山谷。一个瓢、一件僧衣、一节竹杖、一双草鞋，即是全部行李。有时混迹在寺庙，有时置身在道馆，没有固定的居室，也没有固定的食物。只在花草深处停下脚步，有值得在意的，便左顾右盼，再三观察，流连忘返，甚至饿了就吃落花，吃饱了就躺在草地上休息。不仅没有名利的牵绊，还没有荣辱的挂念，只高兴于花朵的开放，笑容没有伪装，仿佛佛祖当年拈花一笑，迦叶高僧默然顿悟，又好似刘真头插鲜花，达摩祖师遂皈依道教。那么知翁应该就是花中的修行者吧！他写的《培花奥诀录·赏花幽趣录》，前集看破红尘世俗，借栽培种植来调养身心，后集解除烦恼，摆脱束缚，借赏花使自己的性情舒适。难道只是为了超过种树的郭橐驼，珍视喜爱，仅仅为了《培花奥诀录·赏花幽趣录》这本书吗？实际上它非常离尘脱俗，也是仙家佛家的秘诀真谛所在啊。

我向来景仰知翁高尚的风范操守，不能东施效颦。每日只亲近这两卷书，以书为镜审视自己，修养身心，或许可以稍微摆脱名利的束缚。近来由于时人崇尚风雅，本书又被重新提起，但刻板有磨损，字迹模糊，所以我又补充并更新了一些内容，等我们这些人功成身退，希望此书能得到后人的不断完善，使昙花再现，但愿不辜负吾辈努力，此书可以重新刻录。我恭敬地写下这篇序。

寓形庵无我主人记

培花奥诀录

前集

〔清〕恽寿平

新镌培花奥诀录叙

〔明〕项圣谟

天生一物，必有一物之用。小如蔬菜，可以供人之口腹，大如松杉，可以作屋之栋梁。若夫花草一物，似无裨[1]于人事者，何治乱相仍[2]，代不乏种耶？吁，此正天所留以厚幽人者也。夫幽人者，赋性疏庸，情甘淡泊，以一切让天下人，而莫之争焉。天实怜而爱之，故生此花草一种，红绿陈色，丰致可人，入其目而悦其心，羁[3]其身而绝其事，理乱不闻，怨尤□□□□□□，不可多得者也。□□□□□□人而生，谓天独□□□□□□乎，殊不知人皆□于名□，即安以花草而不暇受。惟幽人□□□□□有，故能承天之爱，似觉上苍有私于幽□予？若彼名□利就，辉赫一时，□□非天各□所幻而成□，即以此一花之微□□□□□吁幽人，未为不可□□□□□学□翁者，取其傍□□□□也。其□□花，竟成花痴，至朝至暮，非扶枝整汁，则培根芟[4]草，非剔网捕虫，则浇水灌汁，凡可加爱之事，无不毕至。一闻某处有奇葩异卉，虽深山穷谷，不惮竭蹷[5]以求，即隆冬肤冽，酷夏背汗，皆所不顾，甚而一花将萼[6]，自开至盛至落，坐卧不离。倘一木受病，百里觅方，必期生遂[7]而后已。若一种有数株，止以一留城，则以一送乡，再以一二致诸好事之村居者，恐其栽培倾覆，未审何存故耳。夫身世尚难必其有无，而先为花木计长久，不更癖[8]而愚者乎？但彼之以奔竞致疾，名利丧躯者，比比皆然，而吾友幸以癖免，未必非天所以厚幽人处也，然则花草亦人事中大有功益之物，而癖花者亦天所钟爱之人，何可渺视也哉。余德凉薄，未敢当[9]天之眷，然亦颇有是癖，但兵火之后，园舍悉成瓦砾，虽癖好尚存，力难再致[10]。每过友人家，偶见一二种堪入目者，旋[11]以失调萎坏，殊可痛心。少翁又以看花远游，培养无传，余遂遍搜诸名集，追思畴昔[12]已试诸方，向一二同好者，日加讲求，始得培养之妙，条纪成帙，名曰《培花奥诀录》，以备不时考[13]用，更欲公之诸君子，俾花木病有方，生得所，此又余与花计长久者，同一痴心也。或曰此正博天之爱，使凡性疏情淡者，同受幽人之福。自此当渡人无量矣，因促而授之梓，至于别墅、园林、盆景，以及瓶花，均属花事，故类而集之。有是癖者，谅必心会勿哂[14]欤？

古鄂绍吴散人[15]知伯氏题于桃溪之倦还馆

注释

〔1〕裨：帮助。

〔2〕相仍：相沿袭。

〔3〕羁：本意是指马笼头，引申义是束缚、拘束。

〔4〕芟：铲除杂草。

〔5〕蹷：同“蹶”，竭尽，枯竭。

〔6〕萼：本义是花朵盛开，特指花瓣下部的一圈叶状绿色小片。

〔7〕遂：称心如意，使得到满足。

〔8〕癖：指的是因长期的习惯而形成的对某种事物的偏好、嗜好。

〔9〕当：充任，担任。

〔10〕致：达到，实现。

〔11〕旋：不久。

〔12〕畴昔：往昔，日前，以前。

〔13〕考：推求，研究。

〔14〕哂：嘲笑。

〔15〕散人：指那些平庸无用的人或不为世用的人，也指对生活、事物没有激情的人。

译文

事物的产生，必然会有其用途，小如蔬菜，可以供人食用，大至松树、杉树，可以作为房屋的栋梁。比如花草，看似对人没有益处，但为什么治乱相续，每个时代仍不缺乏种植它们的人呢？这正是上天留下来厚待幽人的。所谓幽人，天性旷达平实，甘于淡泊，把一切都让给天下人，不去争抢。上天实在同情并且爱护幽人，因此创造了这些花草，令其展现出红、绿等色，风采韵致让人喜爱，看进眼里就会在心里感到快乐，约束他们的身体也断绝他们的尘事，不关心治世和乱世，怨尤□□□□□□□，不可以多次得到，□□□□□□□而产生。说是上天独□□□□□□，却不知道人人都□于名□，知道花草能使内心安定却没有闲暇接受。只有幽人□□□□□，所以能够承继上天的爱护，好像上天对他们有私心。如果他们功成名就，辉赫一时，□□非天各□变幻而成□，用这一朵小花□□□□□□幽人也没有什么不可以，学习□翁的人，得到他旁□□□□。□□□□□他□□花，竟然成了对花痴迷的人，从早到晚，不是扶正枝叶，就是养根除草，不是张网捉虫，就是浇水施肥，总之，凡是可以对花草施加爱护的做法没有不做的。只要听说某个地方有奇特的花卉，即使是在与山外距离远、人迹罕至的山谷中，也竭尽全力求得。即使寒冬皮肤皴裂，酷夏汗流浃背，也全然不管，甚至一朵花将要开放，从初开到盛开，再到凋谢，坐卧都不离左右。如果有一棵树生病了，不远百里去寻觅良药，直到救活为止。如果一种花草有好几株，只留下一株在城里，取一株送到乡下，再给村里喜欢的人一两株，又担心他们养不活，不明白如何种植。在自身尚且难以保全的情况下，却先为花木做长远的打算，不更是贪爱又愚笨吗？

到处都是为名利奔波而生病甚至殒命的人，我的朋友却幸运地因为他的爱好免除了性命之忧，何尝不是上天厚待幽人的地方。这样看来，花草就是世间大有益处的事物，那么痴爱花草之人也是上天特别爱护的人，怎么可以轻视呢？我德行低微，尽管也有此爱好，但不敢接受上天的眷顾，战乱之后，屋舍、园林都成废墟，即使我的痴好还保留着，也是有心无力。每次到朋友家，看见一两种值得观赏的花草，不久又因为缺乏照顾凋零枯萎了，就特别心痛。少翁认为游走四方玩赏花草，栽植培养的方法就不能流传，于是我广泛地搜集各家典籍，回想过去已经试验过的方法，向一两个有相同爱好的人每日加以请教，才知道了培养花木的妙方，一条一条地记录下来形成卷帙，命名为《培花奥诀录》，以便随时研究应用。我还打算将此书向众人公开，使花木生病了有药方医治，活着有更好的生存环境，这也是我为花木做长久打算的一片痴心呀。有人说这正是博爱之心，使所有个性疏离、情感淡漠的人共同享受幽人的福泽。此书可普度众生，功德无量，所以我催促其尽快成书并刊刻，至于别墅、园林、盆景和瓶花，都与花有关，所以分类汇集。痴爱花木的人，想来一定心领神会，不会笑话我的吧？

古鄂绍吴散人知伯题于桃溪倦还馆

叙释

知伯氏，厚谨人也，绍吴乃孙姓，盖借古封地名，以讳[1]之耳，学少翁者，亦自谓也。总之立意在潜身远嫌[2]，即姓名亦不敢轻示于人，《培花》一录非真僻花，实以花为隐者也。公文武两途，俱得成名，仅一尝试，即为摆脱，无非却尘一念，兢兢不忘耳，此倦还馆之题名所自始也。今公历年六十有三，得子五人，各就分授业不复为虑，一味以花为事，是非不闻，声色又远，身安神怡，而延年有藉矣。惟是《花录》索之者众，遂命匠刷佈，俾同好知花性之宜，而识时务者，又得乎保身之术，济[3]人爱物，功莫大焉，岂仅仅以红绿快观览已哉？

注释

〔1〕讳：有顾忌而躲开某些事或不说某些话。

〔2〕嫌：猜忌，嫉妒。

〔3〕济：本意是过河、渡过的意思，由此动词引申为帮助。

译文

知伯是厚道谨慎的人，孙姓，大概是借用古代封地地名来避讳，学少翁也这样称呼自己。总之，为了静心修养、远离浮躁，就连姓和名也不能随便告诉世人，《培花奥诀录》一书并不是真的只讲花木，实是用花木来寄托归隐的心意。知伯文武双全，久负盛名，仅仅初次尝试种花，就打算摆脱这些名利困扰，无非就是摒弃世俗杂念，终日不忘，倦还馆的题名就由此得来。知伯今年六十三岁，有五个孩子，按照各自的天分传授学业，不用再为他们担心，只一心侍弄花木，不理会是非也远离声色，身心安逸舒适，延年益寿就有了希望。只是《培花奥诀录》一书索求的人很多，于是就让工匠印刷发行，让那些有相同爱好的人可以了解花木的本性，了解时局的人得到保全性命的方法。既帮助人，又爱护事物，功劳是巨大的，难道仅仅是因为欣赏红花绿草而感到开心吗？

图卉说

玉蕊有琼华之疑，梅红有杏看之差，皆由形质未确，故指示互异而莫之辨也。若然，即培方虽备，而花性不投，岂不以其养，反成其害乎？似不得不从事图昼，以告同好也。但品类甚繁，何能周[1]悉，惟就其易得而快目者，图昼一二可耳。既不涉于珍异之莫见，又不致滥觞[2]之取憎，是亦择交慎处之一道也。昔宋曾端伯仅取十花为十友[3]，今谬设四科而扩充之，名为四朋[4]。朋则不止一，又不甚多之谓也。一曰艳冶朋，二曰幽净朋，三曰韵致朋，四曰俊逸朋。虽不及朱履[5]三千之盛，亦可期园林有伴，无日不醉花，无时不兴豪，足矣。谨图卉于左。[6]

知伯

注释

〔1〕周：普遍、全面。

〔2〕滥觞：泛滥，不加节制。

〔3〕曾端伯仅取十花为十友：南宋初期的曾慥，有所谓“花中十友”，即：兰花（芳友）、梅花（清友）、蜡梅（奇友）、瑞香（殊友）、莲花（净友）、栀子花（禅友）、菊花（佳友）、桂花（仙友）、海棠花（名友）、荼蘼（韵友）。

〔4〕朋：同类。

〔5〕朱履：即珠履客。《史记》中记载春申君门客三千余人，其上客，皆蹑珠履。后称权贵的门客为珠履客。朱，通“珠”。

〔6〕“谨图卉于左。”按：本书未将原书图片列于文后，特此说明。

译文

玉蕊与琼花有相似之处，梅花往往被看作杏花，都是由于植物形貌、特质不明确，因此看到的实物各有不同，不易分辨。如果这样，就算培养花木的方法再完备，但若并不适合此种花，难道不是按方法培养反而对花木造成了危害吗？好像必须要用图画进行补充，并告诉有相同爱好的人。但是花卉的品类很多，如何能够全面了解呢？所以就只将那些容易得到且赏心悦目的品类画一两张图作补充。既不涉及珍贵奇特的品类，也不至于因过度加图惹来憎恶，这就是需要谨慎挑选的地方了。宋朝曾端伯仅取十花作为十友，今人错误地设置了四项并将其扩充，命名为“四朋”。朋是指类，即一类中不止一种但又没有很多，一是艳丽妖冶类，二是幽远明净类，三是风韵情致类，四是俊美飘逸类。虽然比不上富贵人家门客三千的盛况，但也可以期待园林有友，每日沉醉花林，时刻有豪情的情景了，这就足够了。特意绘制了花卉图。

孙知伯

别墅诸制

癖花者时或买舟策蹇[1]，遍游诸名山，寻花问柳，莫知所止，时或瓶插数朵，盆栽一枝，亦玩味不已。总所遇，有拘碍旷达之殊[2]，而怡情快志则一[3]也。惟别墅不拘亦不旷，且得以人力待[4]天工，古有不惜万金，少亦不下千金为之者。其中高岩深壑、楼阁亭榭、迂径曲槛、茂林修竹、瓶花盆树，事事见奇，般般[5]可意，此富贵人所为，儒生寒士何能臻[6]此？姑[7]就其力能致者，效法一二可耳。

注释

〔1〕蹇：劣马或跛驴。骑驴多为寒士出行的重要方式，这里译作骑驴。

〔2〕殊：不同。

〔3〕一：相同。

〔4〕待：依仗。

〔5〕般般：种种、样样。

〔6〕臻：达到。

〔7〕姑：暂且，姑且。

译文

爱花的人有时乘船骑驴，游访各地名山，寻花访柳，不知道在什么地方停止，有时在瓶中插数朵花，或用盆栽种一枝枝条，也玩赏品味不停。总的来说，遇见的事物虽有拘束妨碍的地方，但是在颐养性情、抒发志向上是相同的。只是为了别墅设计得不拘束也不荒废，并且能够运用人的力量和大自然的力量，古时候就有人花少则千两，多则万两的黄金来打造。在别墅中设下高高的岩石、深深的沟壑，亭台楼阁、曲折的小路栏杆，茂密的树林、修长的竹子，瓶里的插花、盆景等，每一件都奇特，每一种都合人心意，这是富贵人家做的事情，一介书生怎么可能做到呢？暂且做到力所能及，效仿一两点就好了。

玩花楼

其制[1]宽窄相比构造，但必飞檐转角，而后四面可窗，又须高峻，斯得远眺无碍，吞山吸水，绿映红飞。襟怀畅豁，其乐无穷。至于基向[2]，更要□，北面南，庶夏可迎风，冬可就[3]日。楼后多栽丛竹以为屏障，他竹则蔓延不整，且有穿花夺露之可憎。楼下三面多栽瑞香、腊梅、山苏、桂山建兰、茉莉诸种，使临窗凭玩，清香时来，令人眷恋忘去为妙。此外则以古松、翠柏、老棕、橙桔周围间杂布列，取其岁寒长青，不见凋零之状，亦快事也。

注释

〔1〕制：规定。

〔2〕基向：基，建筑物的根脚；向，方向，朝向。

〔3〕就：凑近，靠近。

〔清〕恽寿平

译文

玩花楼的宽窄要求与别墅的构造要相协调，一定既要檐角飞转且四面有窗户，又必须高峻，这样能够眺望远方，不妨碍欣赏高山大河，红绿相宜。胸襟畅达开阔，这种快乐是无穷无尽的。至于建筑的跟脚和朝向一定要□，坐北朝南，这样夏天可以迎着风，冬天可以有更多的阳光。楼后面多栽丛生的竹子作为屏障，其他的竹子则四处蔓延不规整，而且还有穿越花丛、夺取营养这些令人讨厌的地方。其他三面多种植瑞香、蜡梅、山苏、桂山建兰、茉莉等植物，让人们临窗玩赏的时候不时有缕缕清香飘过，最好让人流连忘返。另外，将古松、翠柏、老棕树、橙树、橘树相间地种植在楼的周围，使它们经冬保持青翠不凋零的姿态，也是一件令人愉快的事。

松轩

择苑囿向明爽垲[1]之地构立，不用高峻，惟贵清幽。八窗玲珑，左右植以青松数株，须择枝干苍古，屈折如画，有飞龙舞爪状态始妙，中立奇石，形体瘦削，穿透多孔，头大腰细、袅娜有态者立之松间，下植吉祥匾竹与四季青等草，更置建兰一二盆，清胜[2]雅观。外有隙地，种竹数竿，种梅一二，以助其趣，共作岁寒友。临轩外观，恍若画图，身心与之俱清。

注释

〔1〕爽垲：地势高且干燥。

〔2〕胜：美好。

译文

园林选择朝向明亮干爽的地方构建，不用地势陡峭高拔，只以清静幽趣为贵。八面窗户精巧，左右两边种植数株青松，青松要选择枝干苍劲古朴的，弯曲状像画出来的一样，有飞龙屈斜、张牙舞爪的姿态才精妙，轩中树立奇石，形状体态瘦细修长，多孔通透，头大腰细、轻盈优美有姿态的树立在松林间，下面种着吉祥匾竹与四季青等，再放置一两盆建兰，清雅优美，雅致可观，外面有空地就栽植数枝竹子，另外种上一两株梅花增添其中的清趣，组成“岁寒三友”。靠着窗户向外看，恍惚间如在画中，身体、心灵也跟着一起清爽起来。

棕亭

上以棕片绽盖，下以带皮老棕本[1]四条为柱，不惟淳朴雅观，亦且坚实耐久。外护以班竹[2]栏杆，安于苍松翠盖之下，修竹茂林之中，尤称清赏[3]。

注释

〔1〕本：草木的根。

〔2〕班竹：即斑竹。

〔3〕清赏：指幽雅的景致或清雅的景观。

译文

亭上用铺开的棕片覆盖，下面用四条带皮老棕树的根作柱子，看上去不仅朴实清雅，而且坚固持久。将斑竹栏杆安放在翠绿的苍松、修长的竹子和茂密的树林中，尤其称得上是幽雅的景致。

三径

梅、杏、桃三种各对栽成径，约宽三尺，长三丈，要曲折，尽头处作一亭，或力不能，即设一石棹[1]亦可。周围以本径同色花木密栽数层，成一林景以完[2]一径之局，在梅则称梅坞[3]，在桃则云桃圃[4]，在杏则为杏村。

注释

〔1〕棹：同“桌”。

〔2〕完：做成，了结。

〔3〕坞：四面高中间凹的地方。

〔4〕圃：种植蔬菜、瓜果、花木的园子。

译文

梅、杏、桃三种树成对栽植，打造出一条宽约三尺、长约三丈的曲折小路，在迂回尽头修一处亭子，如果能力有限，安放一个石桌也是可以的。周围密密地种上几排和小路颜色相同的花木，做成一处以路径为主体的园景，种梅树的叫梅坞，种桃树的叫桃园，种杏树的叫杏村。

二溪

桃溪必傍石洞，柳溪必通荷馆。

译文

桃花溪一定要依傍石洞，柳溪一定要通往荷花馆。

三阴

槐阴细密平满，绿映窗纱可爱，柳阴[1]垂青，袅袅[2]风来，有神情飘荡之趣。松阴龙飞苍翠，风过有声，闻之辛[3]汗顿解。

注释

〔1〕柳阴：亦作“柳荫”，柳树下的阴影。诗文中的“柳荫”多指游憩佳处，也指枝叶茂密的柳林。

〔2〕袅袅：柔弱，缭绕；形容微风吹拂。

〔3〕辛：劳苦，艰难。

译文

槐林细密丰茂，枝叶婆娑的绿意透过窗户映射进来，显得非常可爱，柳林绿条依依，微风吹拂，有心旌摇曳的乐趣。松林苍翠，姿态宛若飞龙，风过处阵阵有声，让人听到就劳苦顿消。

四架

葡萄、木香、蔷薇、荼蘼四种皆可作架，欲艳丽则蔷薇，欲薰馥[1]则木香、荼蘼。若夫葡萄，晶子累累[2]，翠叶重阴，真清趣之甚者也。

注释

〔1〕薰馥：薰，温和，和暖；馥，香气。指温和的香气。

〔2〕累累：连续成串。

译文

葡萄、木香、蔷薇、荼蘼四种花木都可以搭架子，想要花朵艳丽就做蔷薇架，想要香气温和就做木香架、荼蘼架，等到葡萄架上果实累累、翠叶满架、重重阴凉时，更是意趣清雅。

曲槛

苑囿无墙槛隔别，一望易尽，何以见奇？或以竹编象眼[1]五尺高篱，或以厚砖砌花眼墙，或以瓦堆钱眼墙亦可，惟以曲折为妙。

注释

〔1〕眼：孔穴。下文“花眼”“钱眼”都是一个意思。

译文

园圃中没有围墙和栏杆阻隔，一眼可以望见尽头，怎么体现奇妙之处？有人用竹子编织成有象眼、五尺高的篱笆，有人用厚砖砌成带花眼的墙，有人用瓦片堆成钱眼状的墙，反正只要曲折就好。

〔清〕恽寿平

园花

园林栽培，不可太繁多，多则心分爱博，而灌拂[1]难周必致荒废，且夺露遮风，泼贱者[2]易长，而贵重者日见萎毙，不亦深可惜乎？惟择名花数种，四时总放，不致中断可耳。入春为梅、桃、牡丹、绣球、山茶、玉兰、海棠、玫瑰，夏为芍药、莲、石榴、茉莉、莺粟[3]，秋为木樨、菊、芙蓉、秋海棠，冬为腊梅、茶梅、瑞香、水仙。如兰花开四季，叶翠万年，态度幽闲，丰标[4]雅淡，高架一盆，琴书共闼[5]者也。若竹并松柏，岁寒长青，而桐、柳、蕉、棕各有致趣，俱苑囿中所不可少之物也。倘列布有方，配搭多致，俾其姿态各盛一时，浓淡典雅不俗，同一二好友，诗酒相酬，尽足以爽目畅怀。何必滥及凡卉，使市儿混入贤社，国色与村姿并重乎？况又紫之夺朱[6]，郑声之乱雅乐[7]，能辨者几人哉？各花培养之难，独建兰、茉莉与牡丹、芍药、菊花为最，如不得其法，菊则花不大而叶漏脚[8]，牡丹、芍药则遁年不花，而建兰、茉莉且为断送天年矣。故培法较他卉独多，亦不分类，悉列于首，所以昭难培取便考也。其余不过别水土肥瘠与干湿而已，仍依叙开。后续以各样小卉以俟台畔篱傍，用为衬色，或屏架补其空隙云尔，鉴家谅自知之。

注释

〔1〕拂：照顾；关心。

〔2〕泼贱者：多指蛮横卑贱的人，此处借指寻常花木。

〔3〕莺粟：即罂粟。

〔4〕丰标：指容貌体态，风度仪态。

〔5〕闰：通“润”，滋润。

〔6〕夺朱：取自“恶紫夺朱”一词，原指厌恶以邪代正，后用来比喻以邪胜正，以异端充正理。出自《论语·阳货》中的“恶紫之夺朱也，恶郑声之乱雅乐也，恶利口之覆邦家者”。夺，乱；朱，大红色，古人认为红是正色。

〔7〕郑声之乱雅乐：取自“郑声乱雅”一词，原指郑国靡乱的音乐扰乱了优雅的音乐，现比喻邪扰乱了正。出自《论语·阳货》中的“恶紫之夺朱也，恶郑声之乱雅乐也，恶利口之覆邦家者”。郑声，原指春秋战国时郑国的音乐，因与孔子等提倡的雅乐不同，故受儒家排斥。此后，凡与雅乐相悖的音乐，甚至一般的民间音乐，均被崇“雅”黜“俗”者斥为“郑声”。

〔8〕漏脚：形容叶子偏大。

译文

园林里栽培种植的花木不能过多，品类繁多容易因博爱而分心，浇灌、照顾难以周全的话必会导致有些花木枯萎、被废弃，而且那些抢夺水分、遮挡阳光的寻常花木容易生长茂盛，但贵重的花木就会一天天枯萎死亡，不会深切地觉得可惜吗？只须挑选几种有名的花木，令一年四季总有花盛开，中途不间断就可以。入春为梅花、桃花、牡丹、绣球、山茶、玉兰、海棠、玫瑰，夏季为芍药、莲花、石榴、茉莉、罂粟，秋季为木樨、菊花、芙蓉、秋海棠，冬季为蜡梅、茶梅、瑞香、水仙。比如兰花四季盛开，叶子万年翠绿，姿态风度幽静闲适、高雅舒淡，高架上摆一盆，弹琴、读书时相得益彰。又如竹林和松柏经冬长年青绿，而且梧桐树、柳树、芭蕉树、棕树各有风韵意趣，都是园林中不能缺少的植物，如果排布有方，配合别致的混搭，使它们的姿容仪态依时展示，那么定能浓淡各异、典雅不俗，与一二好友吟诗酌酒，互相唱和，一定可以让人赏心悦目，心情舒畅。何必随意挑选普通花卉，让市井之人混入贤人的群体，使粗俗的姿色与国色天香一样得到重视呢？这种情况就好比会产生以邪胜正的混乱，淫乐扰乱雅乐，有几个人能辨识呢？每一种花木栽培养护都很困难，特别是建兰、茉莉、牡丹、芍药和菊花，如果不是合适的种植方法，菊花就会花朵小但叶片大，牡丹、芍药就会几年不开花，而建兰、茉莉更不容易成活，这几种花卉的栽培方法比其他花卉多，因此就不单独分类，全部列在开头，既显示出它们的培养之难，又方便读者研究。其他花卉不过是区别水土的肥瘠和干湿罢了，仍旧依次叙述。后面写将各种小花栽种在亭边池畔，作为衬托，或者用屏架填补空隙，有识之士一定了解。

牡丹

牡丹为花之王，名近百余，止见粉边、浅红二色，至于御衣黄、映日红、玉天仙、绿蝴蝶、紫姑仙、西瓜瓤、舞青猊，俱为妙品，不可多得。总之，各以起楼宇、飞蝶翅为上，平头馒样者次之，若单瓣则花之最下者也。但花客[1]来自远方，必在秋冬不花时候，何以识其妍媸，惟看枝节密促，叶似鸭掌者乃是千瓣，如节稀叶类鸡爪者定是单瓣。若别花之有无，当看芽头，肥圆来年定是有花。诚恐培养失宜，即蕊现亦中夭不成也。

注释

〔1〕花客：此处指花。

译文

牡丹是花中之王，名品有近百种，只见过粉边和浅红两种颜色的。至于名为御衣黄、映日红、玉天仙、绿蝴蝶、紫姑仙、西瓜瓤、舞青猊的，都是极品，很难得到。总而言之，各种姿态中以起楼宇、飞蝶翅状为上品，平头、馒头状的稍次一等，如果是单瓣花就是最下品。只是花从远方运回，一定是在秋冬不开花的时节，如何辨识花朵的妍丽？只能看枝节，如果紧密、叶如鸭掌状的就是千瓣花，如果稀疏、叶如鸡爪状的定是单瓣花。若要分辨来年是否开花，应当看芽头，肥圆的来年一定有花。唯恐培养不得其法，就算花蕊已经出现，也会中途夭折不能成活。

栽植法

栽宜八月社[1]前，或秋分后两三日，若天气尚热，迟迟亦可，将根下宿土[2]缓缓掘开，勿伤细根，以渐至近，俗谓“牡洗脚”。每本用白敛细末一斤，一云硫磺脚末二两，猪脂六七两拌土，壅[3]入根窠，填平，不可太高，亦不得筑实脚踏。如填土完，以积贮雨水或河水浇灌，满台方止，但初栽柯数不可太密，恐风鼓互击损。[4]花开时，每朵帮插细竹一枝，用棕丝松系花蒂于条端，免其垂侧，以纸糊久、油干透稀眼兜笠罩盖，以防雨霖，自能耐久。大都硫磺却冻，白敛杀虫。惟磺不可多入，春来发叶必皱黑，此又已经验试者也。

注释

〔1〕社：有春社、秋社，即在春、秋两季祭祀土地神。

〔2〕宿土：旧有的土壤。

〔3〕壅：用土或肥料培在植物的根部。

〔4〕栽宜八月社前，……恐风鼓互击损：摘自明朝高濂《遵生八笺·燕闲清赏笺（下）》。

译文

适宜在八月秋社前或秋分后两三日栽植，如果天气尚且炎热，晚些也可以。将根下旧土轻缓地挖开，不要伤害细根，渐渐挖近主根，俗称“牡洗脚”。将白蔹细末一斤或硫黄细末二两、猪油六七两拌匀到土壤中，培壅根部，填平，不可太高，也不能用脚踏实。填土

后用贮存的雨水或河水浇灌，浇满为止，但是初栽不能太紧密，否则风吹过互相击打会减损花朵。花开时，在每朵花旁边插一根细竹，用棕线在竹条一端轻轻系住花蕾，避免花朵垂挂两侧，再用纸糊很久、油都干透的稀眼斗笠罩盖，遮挡淋漓的雨水，自然能够坚持长久。大概是因为硫黄防冻，白蔹杀虫。只是硫黄不能放多，如果多了，春天生发的叶子一定又皱又黑，这是已经验证过的。

分花法[1]

拣大墩[2]茂盛花本，八九月时全墩掘起，视可分处剖开，两边俱要有根，易活，用小麦一握拌土栽之，花自茂盛。

注释

〔1〕《分花法》摘自《遵生八笺·燕闲清赏笺（下）》。

〔2〕墩：量词，用于丛生的或几株合在一起的植物。

译文

挑选大丛茂盛的花根，在八九月时整丛挖起，在能够分株的地方剖开，分开的两边都要有根才容易成活，用一把小麦拌上土栽种，花自然开得茂密旺盛。

接花法[1]

芍药肥大，根如萝卜者，择好牡丹根枝芽，取三四寸长，削尖扁，如凿子形，将芍药根上开口插下，以肥泥筑紧，培过一二寸即活。又以单瓣牡丹种活根上，去土一寸许，用砺刀斜去一半，择千叶好花嫩枝头有三五眼者一枝，亦削去一半，两合如一，用麻缚定，以泥水调涂麻外，仍以瓦二块合围填泥，待来春花发，去瓦，以草席护之，茂即有花。

注释

〔1〕《接花法》摘自《遵生八笺·燕闲清赏笺（下）》。

译文

芍药根肥大，呈萝卜状，选好牡丹根枝芽，取三四寸长，削扁削尖成凿子状，在芍药根上切开一个口子，再将牡丹枝条插入，用肥沃的泥土培植，压紧踏实，等再长出一两寸就会成活。还可以将单瓣牡丹成活根上距土一寸的地方用锋利的刀斜削去一半，挑选花好叶嫩的千叶牡丹，将枝头上有三五个眼的枝也削去一半，两半合成一株，用麻线捆扎好，麻线外用泥水调和匀涂，仍旧用两块瓦片一起围合，填上泥，等到第二年春天花开时去掉瓦片，用草席遮护，长得茂盛就会开花。

种子法

六月时候，看花上结子微黑将皱开口者，取置向风处晾一日，以瓦盆拌湿土盛起，至八月取出，以水浸试，沉者开畦[1]种之，约三寸一子，待来春，当自成林。至五六月须备箔[2]遮日，夜则受露，二年八月移栽别地，定然叶茂花开。

注释

〔1〕畦：田园中分成的小区。

〔2〕箔：帘子，门帘。

译文

六月，看花上结出种子，将微微发黑发皱、将要裂开的种子取出，放在通风的地方晾一天，拌上湿润的泥土，再用瓦盆盛放起来，等到八月取出，用水浸泡试验，种子下沉的就挖田种植，约每间隔三寸种一粒种子，等到第二年春天，一定自成一片。五六月时须准备帘子遮挡阳光，晚上就让它们接受夜露滋润，第二年八月移栽到其他地方，一定枝叶繁茂花朵盛开。

灌溉法[1]

灌花须早，地凉不损根枝，八九月五日一灌，积久雨水为妙，立冬后三四日一浇粪水，十一月后爬松根土，以宿[2]粪浓浇一次二次，余浇河水，春分后不可浇水，待谷雨前又浇水，旱则河水，黑早浇之，不可湿了枝叶，切[3]不宜用井水。

注释

〔1〕《灌溉法》摘自《遵生八笺·燕闲清赏笺（下）》。

〔2〕宿：隔夜的，隔年的。

〔3〕切：切记。

译文

浇花要在早晨进行，此时土地阴凉，不易损伤根部和茎干，八九月时五天浇一次水，用蓄久的雨水最好，立冬后三四天浇一次粪水，十一月后疏松根土，用隔夜的浓粪浇一两次，其余时间浇河水，春分后不可以浇水，等到谷雨前再浇一次，土地干时用河水早、晚各浇一次，不可以淋湿枝叶，切记不可用井水浇灌。

培养法[1]

八九月时用好土根上，如前法培壅一次，比根高二寸，须隔二年一培，谷雨前设簿遮盖日色雨水，勿令伤花则花久，花落即前花枝嫩处一二寸，便是花芽，六月时亦须设簿，勿令晒损，冬以草荐[2]遮雪。

注释

〔1〕《培养法》摘自《遵生八笺·燕闲清赏笺（下）》。

〔2〕荐：草席，垫子。

译文

八九月时用肥沃的土壤按前面的方法培壅根部，覆盖深度比根高两寸，必须两年培土一次，谷雨前要准备草帘遮盖，不让阳光、雨水损伤花朵，这样花会开得长久，花落后会在距花枝嫩处一两寸的位置生发花芽，六月必须设草帘遮盖，不要让它晒伤，冬天用草垫遮挡风雪。

治疗法[1]

冬至前后以钟乳粉[2]和硫黄二钱，掘开，泥培之，则花至来春大盛，种时以白敛拌土，枝干有蛀眼处，以硫黄末入孔，杉木削针，针之虫毙，若有空眼处，折断捉虫亦是一法。

注释

〔1〕《治疗法》摘自《遵生八笺·燕闲清赏笺（下）》。

〔2〕钟乳粉：钟乳石粉末。钟乳石由碳酸钙和其他矿物质的沉积形成。

译文

冬至前后取钟乳粉和硫黄各二钱，挖开泥土加进去，那么到第二年春天时花会开得茂盛，栽种时将白蔹拌入土中，将硫黄末塞进枝干的虫眼中，将杉木削尖，用其刺虫，虫立刻死亡，如果有空眼，那么折断枝干捉虫也是一种方法。

牡丹所宜

牡丹宜寒恶热，宜燥恶湿，□□喜得新土则旺，惧烈风炎日，栽宜宽敞向阳之地。

译文

牡丹适应寒冷，厌恶酷热，喜欢干燥，厌恶潮湿，□□栽培在新土中则生长旺盛，害怕凛冽的狂风、炎热的太阳，适宜种植在宽敞朝阳的地方。

牡丹所忌[1]

北方地厚，忌灌肥粪、油籸[2]肥壅，忌触麝香、桐油、漆气，忌用热手搓摩、摇动，忌草长藤缠，以夺土气[3]伤花，四傍忌踏实，使地气不升，忌初开时即便采择，令花不茂，忌人以乌贼鱼骨刺花根，则花毙凋落。

注释

〔1〕《牡丹所忌》摘自《遵生八笺·燕闲清赏笺（下）》。

〔2〕籸：同“糁”，谷类磨成的碎粒。

〔3〕土气：地气。

译文

北方土壤厚实，不宜浇灌肥沃粪水、用油渣培壅，不宜接触麝香、桐油、漆气，不宜用热手搓摸、摇晃枝干，不要让野草生长、藤蔓缠绕，免得它们抢夺肥料，损伤花朵，四周不要踩踏紧实使地气无法上升，不要花刚开放就立即采摘让花不茂盛，不要让人用乌贼的骨刺刺花根，会让花朵凋落死亡。

芍药

《本草》名黑牵夷，有红、白、紫各色，荣[1]于仲春[2]，华于孟夏[3]。传曰惊蛰节后二十有五日，芍药荣以冠群芳，宝妆成、积娇红、玉枝缬为上，今止有千叶楼子之扣粉与杨妃吐舌二种。若以合栽一台，护以朱栏，真有美人出阁之态，几令丑妇见之抱愧，然须隔年培养得法，而后次年有花，不然即蕊长大亦坏，殊可痛惜，幸其留心。

注释

〔1〕荣：草木茂盛。

〔2〕仲春：农历二月。

〔3〕孟夏：农历四月。

译文

《神农本草经》中将其命名为黑牵夷，有红、白、紫三种颜色，二月生长繁盛，四月开花，相传在惊蛰后二十五天芍药开花，花势超过其他花卉，宝妆成、积娇红、玉枝缬均是上品，如今只有千叶楼子之扣粉和杨妃吐舌两种。如果合栽一盆用朱红色的围栏护住，真有美人出阁的姿态，几乎要让丑妇心怀惭愧。然而一定要第二年培养得当，之后一年才有花，不然即便花蕊长大也会坏的，确实十分痛心，万望留心。

种法[1]

于八月起根击土，以竹刀剖开，勿伤细根，先壤、猪粪和[2]砻糠[3]、黑泥入台，分根栽种，勿密，更以大粪灌之。来春花发极盛，然须三年一分，俱以八月为候。

注释

〔1〕《种法》摘自《遵生八笺·燕闲清赏笺（下）》。
〔2〕和：粉状物或粒状物混在一起，或加水搅拌。
〔3〕砻糠：稻谷砻过后脱下的外壳。

译文

八月挖出根部，敲去土壤，用竹刀剖开，不要损伤细根，将旧土、猪粪混上砻糠、黑泥装入花盆中，分根栽种，不要太密，再用粪水浇灌。第二年春天开花极其繁盛，但是一定要三年分根栽种一次，时间都选在八月。

培法[1]

种后，以十一二月用鸡粪和土培之，仍渥[2]以黄酒一度[3]，则花能改色。开时须以竹条扶之，不令倾侧，有雨则以箔蔽，免速零落。勿犯[4]铁器。

注释

〔1〕《培法》摘自《遵生八笺·燕闲清赏笺（下）》。

〔2〕渥：沾湿，沾润。

〔3〕度：次。

〔4〕犯：抵触，违反，此处指触碰。

译文

栽种之后，在十一月、十二月将鸡粪混入土中栽培，再用黄酒沾润一次，就可以让花改变颜色。开放时必须用竹条支撑，不要让它歪倒，下雨的时候用草席遮挡，以免加速凋谢。不要让其接触铁器。

〔清〕恽寿平

修法[1]

每到花谢后，用手摘去残枝败叶，勿令讨力，使元气[2]归根，所谓芍药剃头。九月十月，出根洗时务去老梗[3]、腐黑之根，易以新壤肥土栽之，三二年一分，不分则病，分频花小而不舒，花之繁盛、色之深浅，皆出壅剖根之力。

注释

〔1〕《修法》摘自《遵生八笺·燕闲清赏笺（下）》。

〔2〕元气：精神，精气。

〔3〕梗：植物的枝或茎。

译文

每次花凋谢之后，用手摘去枯枝败叶，不要使其再消耗养分，从而使养分回流到根部，这就是芍药剃头。九十月挖出花根清洗时，一定要去除老根和腐败发黑的根，换上新鲜肥沃的土壤栽培，每隔两三年分株一次，不分则易生病，分株太频繁花不仅小而且不舒展，花朵的繁盛与颜色的深浅都与培土剖根有关。

菊花

菊有隐士风，士大夫多尚[1]之，其名原多，加以好事者每每更名标[2]奇，是以愈见其繁，惟紫、白牡丹，金、银芍药四名不变耳。若蜜芍药又云蜜鹤翎，若宝相[3]、褒姒、西施互相指是，诚为可笑。但叶青厚而团者必系白色，淡绿而尖薄者必黄紫。总之，名色各有不同，惟以无心球样者为上，其种植亦不外一法，若云某应如何栽，某应如何培，则谬[4]矣。

注释

〔1〕尚：尊崇，注重。

〔2〕标：标明，显出。

〔3〕宝相：佛的庄严形象。

〔4〕谬：错误的，不合情理的。

译文

菊花有隐士风范，士大夫多推崇它，它的名字本就很多，加上多事的人经常为了显示奇特而给它改名字，因此名字更加繁多，只有紫牡丹、白牡丹、金芍药、银芍药四个名字不变。好比蜜芍药又叫“蜜鹤翎”一样，宝相、褒姒、西施互相称呼，确实是十分可笑。只是叶片青绿肥厚且圆的一定是白色，叶片淡绿且尖薄的一定是黄紫色。总之，名称颜色各有不同，但仅没有花心且花朵呈球状的是上品。它的种植只有一种方法，如果有人说其他栽培方法，那都是错误的。

分苗法[1]

凡菊开后，宜挖栽向阳之地，遮护冰雪以养其元[2]，至春分时将根掘起、剖碎，拣壮嫩有根者，单种有秃白者，亦可种活，但要去其根上浮起白翳[3]一层，以润土种，筑实，不可雨中分种，令湿污泥着根，则花不茂。

注释

〔1〕《分苗法》摘自《遵生八笺·燕闲清赏笺（下）》。

〔2〕元：指元气。

〔3〕翳（yì）：遮蔽，障蔽。

译文

菊花开后，适宜挖起并移栽在朝阳的地方，遮挡雨水，防范冰雪，从而保养它的元气，春分时将根挖起，掰开敲碎，挑拣生命力旺盛的、鲜嫩的，只种植有秃白的根枝也可以成活，但要去掉根上浮起的一层白色遮盖物，用湿润的土壤栽种，踩踏严实，不能在雨中分根，如果让湿润的污泥黏在根上那么会使花不茂盛。

土宜畦高以远水患，宽沟以便流水，取黑泥去瓦砾，用鸡鹅粪和土，在地铺五七寸厚，插苗自茂，若欲上盆，必先以三瓦接合如盆样，埋地下，与土般平，将苗插于内，花时以瓦外土挖去，用铲向下轻轻挑起，原土不动，入盆花定丰厚，否则瘦削矣。

译文

最好将田埂造高以远离水患，加宽水沟来方便水流，选取黑色泥土，去除瓦块、石块，将鸡粪、鹅粪混入土中，在地上铺五至七寸厚，插上花苗就能成活。如果想种植在花盆里，一定要先用三块瓦组合成盆的形状埋在地下，与土表齐平插入花苗，等到开花时，将瓦片外的土挖去，用铲子向下轻轻挑起花根，保留原土栽入花盆中，花一定开得多且厚实，否则就会又瘦又小。

浇灌法[1]

种后，早晚用河水、天落水浇活，苗头俱起且暂亡[2]水勿浇，待长五七寸用粪汁浇一次，再以燖[3]鸡鹅毛汤带毛用缸收贮，待其作秽[4]不臭后取浇灌，则花盛而上下叶俱不落。夏月日未出时，每早宜浇根晒叶，每雨后三二日即以浓粪浇一次，花至豆大，联浇粪水二次，花放时又一次，则花大而耐久。

注释

〔1〕《浇灌法》摘自《遵生八笺 · 燕闲清赏笺（下）》。

〔2〕亡：古同“无”，没有。

〔3〕燖（xún）：将已宰杀的猪或鸡用开水烫后去毛。

〔4〕秽：腐败，腐烂。

译文

栽种后早晚用河水或者雨水浇灌即可成活，将苗掘起，暂时不浇水，等苗长至五到七寸时用粪水浇灌一次，再将褪去鸡毛、鹅毛的水连同毛一起用缸储存，等其腐烂不发臭后取出，浇灌，就会使花朵茂盛且上下的叶子都不凋落。夏天太阳没有升起时，最好在早晨浇灌根部，晒叶子，每次雨后两三日，就用浓粪浇灌一次，花开到豆子大时连续浇灌两次粪水，花朵盛放时再浇灌一次，那么不仅花大而且开得持久。

摘苗法[1]

四五月间，每雨后菊长乱苗，每株即摘去正头[2]，使分枝而上，但不可对日摘，必阴雨时方可。

注释

〔1〕《摘苗法》摘自《遵生八笺·燕闲清赏笺（下）》。

〔2〕正头：顶上的。

译文

四五月间，每次雨后花朵生长就会扰乱菊苗的生长，每一株都打顶，使菊分枝向上生长，只是不能对着太阳去顶，摘时一定要阴雨天气才可以。

〔清〕恽寿平

删蕊法[1]

八月初时，菊蕊已生，如小豆大，每头必有四五，须耐心用指甲剔去傍生，留中一蕊，更看枝下傍出蕊枝，悉令删去。切不可伤中蕊，则不长。

注释

〔1〕《删蕊法》摘自《遵生八笺·燕闲清赏笺（下）》。

译文

八月初，菊花的花蕊已经长出，有小豆子那么大，每头一定有四五个花蕊，一定要耐心地用指甲掐去旁边生长的花蕊，留下中间的一个花蕊，枝下斜生出的花枝，全部让人砍除。一定不要伤害中间的花蕊，否则花开得不长久。

除菊蠹[1]

初种活时，有细虫穿叶，微见白路[2]萦回[3]，可用指甲刺死，又有黑小地蚕窃齿根，早晚宜看。四月麻雀作窠[4]啄枝啮叶，宜防。又防节眼内生蛀，用细铁线透眼杀虫。五月间有虫名菊牛，有钳，状若萤火，倘菊头忽折必其伤，虫可于三四寸上寻看。去其折枝，不然和根俱毙。又于陆柒月后，生青虫，难见，须在叶下见有虫粪如蚕沙，即当去之。又有钻节蠡虫，去之，泥涂其节，自活。

注释

〔1〕《除菊蠹》摘自《遵生八笺·燕闲清赏笺（下）》。

〔2〕路：道路，此处指痕迹。

〔3〕萦回：回旋往复，曲折环绕。

〔4〕窠：昆虫、鸟兽的巢穴。

译文

菊花刚种活时，有细虫咬透叶子，叶面稍见曲折环绕的白色痕迹，可以用指甲刺死虫子，还有黑色的小地蚕偷咬菊花的根，故早晚应仔细照看。四月时麻雀做窝，咬啄枝叶，必须防范。还要防范节眼里长蛀虫，可用细铁丝穿透节眼杀死虫子。五月时有名叫菊牛的虫子，有钳子，样子像萤火虫，倘若菊头忽然折断了，一定是它损伤的，可以在三四寸处寻找查看，扔掉折断的枝干，否则整株会跟根一起死掉。六月、七月后易生青虫，很难看见，必须在叶子底下查看，如看见如同蚕沙的虫粪便，应当立即除去。有一种钻节虫，除掉它，然后用泥涂在节上便可成活。

扶植法[1]

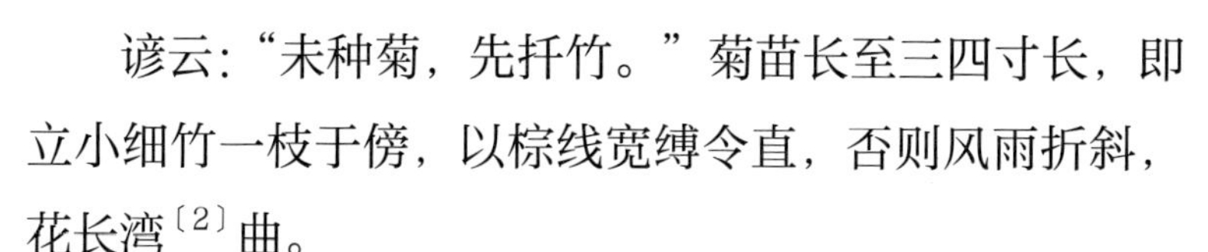
谚云："未种菊，先扦竹。"菊苗长至三四寸长，即立小细竹一枝于傍，以棕线宽缚令直，否则风雨折斜，花长湾[2]曲。

注释

〔1〕《扶植法》摘自《遵生八笺·燕闲清赏笺（下）》。

〔2〕湾：同"弯"，屈曲不直。

译文

谚语说："未种菊，先扦竹。"等菊苗长到三四寸的长度，就在旁边立一根小细竹，用宽棕线捆缚使其直立，否则刮风下雨会使它折断倾斜，花长大了就会屈曲不直。

雨阳法[1]

黄梅溽[2]雨，其根易烂，雨过即用预蓄细泥封培，又生新根，其本益固[3]。夏日最恶，若能覆蔽，秋后叶终青翠，过此二时，方可言花。

注释

〔1〕《雨阳法》摘自《遵生八笺·燕闲清赏笺（下）》。

〔2〕溽：湿润，闷热。

〔3〕固：结实，牢靠。

译文

黄梅时节湿润多雨，菊根容易腐烂，雨后可用预先储存的细泥将其封住培植，会生出新根，根也会更结实。夏天的太阳最让人讨厌，如果能够适当遮挡，秋后叶子会变得青翠，过了这两个季节才能谈开花。

接菊法[1]

接[2]菊以庵闾[3]根，或小花菊本，如接树法接之，红白可共一干，亦足见奇。

注释

〔1〕《接菊法》摘自《遵生八笺·燕闲清赏笺（下）》。
〔2〕接：嫁接。
〔3〕庵闾：青蒿。

译文

嫁接菊花用青蒿根或小菊花根，按照嫁接树木的方法嫁接，红花和白花可以共存于一个枝干上，可以体现奇妙之处。

〔清〕邹一桂

建兰[1]

花有十四五萼不等，色有红紫深浅，与夫黄白绿。碧鱼鮀、金棱边[2]等品，或生山冈，或产水溪，各因地气所钟，而本质故随之不同。其培养之方，必水土各就[3]性之宜，而燥湿亦从性以施。倘一本盈盆，自非三五载不可。种花之难，惟兰最剧。

注释

〔1〕《建兰》摘自《遵生八笺·燕闲清赏笺（下）》。
〔2〕碧鱼鮀、金棱边：均是兰花的名贵品种。
〔3〕就：靠近，走近，趋向。

译文

建兰有十四五片花瓣，颜色有红有紫，深浅不一，还有黄色、白色和绿色的。有碧鱼鮀、金棱边等品种，有的生长在山冈上，有的生长在溪水边，都依循对地理气候的钟爱和本质的不同而不同。它培植养护的方法一定是使水和土都趋近本性，并且干燥、湿润也要听从本性来布置。想要一株花朵充盈的建兰，没有三年五载是不行的。建兰是花卉中最难种植的。

分种法

分种兰蕙[1]必于寒露后冬至前，盖取万物归根之时，而其叶始苍，根始老故也。务将原盆轻轻击碎，缓缓解折交互之根，去其积年腐芦头，只存三季者，每三篦[2]作一盆，使新篦在外作三面向，以免发生枕籍[3]不匀，但十月花已胚胎，切不可分种，且会速死。

注释

〔1〕兰蕙：兰指兰花，蕙是一种与兰花同类的植物，都以花香著称。

〔2〕篦：一种齿比梳子密的梳头用具，称“篦子”。此处作量词。

〔3〕枕籍：同“枕藉”。横七竖八地躺在一起，形容多而杂乱。

译文

兰蕙分株一定要在寒露后冬至前，大概是取万物精气回归根本的时间，此时它们的叶子开始青绿，根开始衰老。一定要将原花盆轻轻敲碎，慢慢地取出缠绕在一起的根，去除根上积存多年的腐芦头，只存活三季的每三片栽一盆，让新的茎叶在外朝向三面来避免发生交错不均匀的情况，只是十月花蕾已经孕育，牢记此时不能分株，否则会使其迅速死亡。

栽花法[1]

花盆先以粗碗或粗碟覆之于盆底，次用捊[2]炭铺一层，然后用肥泥薄铺炭上栽之，掺泥拥根如法，盆面盖以河沙，取其连雨不能淫，酷日不能燥。栽时不可以手捺[3]实，止以水溉和根可也，否则根不舒畅，叶不长发，花亦不繁茂矣。寻常盆面用木片挑剔泥松，但不可拨损根须，切记。

注释

〔1〕《栽花法》摘自《遵生八笺·燕闲清赏笺（下）》。

〔2〕捊（pōu）：引聚，取而聚之，此处引申为完整的。

〔3〕捺：用手按，抑制。

译文

先将粗碗或者粗碟子置于花盆盆底，然后铺一层炭，将肥沃的泥土薄薄地在炭上铺一层后栽花，按照这个方法混合泥土围住根，盆面用河沙覆盖，保证花在接连下雨时不过于湿润，烈日暴晒时不过于干燥。栽种时不能用手按压结实，只用水浇灌根部就可以，不这样的话根部就会不舒展通畅，叶子不能持续萌生，花朵也不繁密茂盛。一般用木片挖戳花盆表面，使泥土松弛，只是切记不能拨动和损害花的根须。

安顿法[1]

春二三月无霜雪，安放盆在露天，四面皆得浇水，更喜化日[2]照晒，若十分大雨，恐坠其叶，以竹架栏之。五六月日色大甚，须移避暑处，高则冲阳，低则隐风，当以三尺四脚架高阁，架脚各用锡或石作盘盛水，以防蝼蚁[3]沿上伤根。但四月至八月，须用篾篮遮护，务须疏密得所，容见日气，最要通风。梅天忽逢大雨，须移花盆向背日处，若逢大雨过，又逢日晒，盆内热水则荡，害叶亦损根。花开时，若枝上花蕊将开完，止有未开一二蕊，便可剪去，若留开尽，则夺了来年花性。九月看花干处用水浇灌，切不可过湿，或用肥水培灌一两番不妨。冬十月、十一月、十二月及正月，不浇不妨，最怕冰霜风雪，须用密篮纸糊遮护，以防烟与灰二害，必要安顿朝阳有日照处，南窗内埋盆入土，两三日将盆旋转一次，取其日晒均匀，则开时四面皆有花，若晒一面则一处有之。

注释

〔1〕《安顿法》摘自《遵生八笺 · 燕闲清赏笺（下）》。

〔2〕化日：太阳光。

〔3〕蝼蚁：蝼蛄和蚂蚁。

译文

春天二月和三月没有降霜下雪的时候，将花盆露天安放，四面都要用水浇透，兰花更喜欢太阳照晒，如果下特别大的雨，担心叶片凋落，就要用竹架维护起来。五月、六月阳光太强烈，一定要转移到避暑的地方，高的植株要对着太阳，低的植株就要注意挡风，应当用三尺高的四脚架和高阁架，底座可用锡或者石做成盘子盛满水，来防备蝼蛄和蚂蚁沿着盆架爬上去损伤花根。只是四月到八月必须用竹篮围起来保护，务必保证疏密得当，能看见阳光就一定要通风。梅雨天忽然下大雨，必须把花盆转移到背对阳光的地方，如果大雨刚过又遇到烈日照晒，盆里热水温度就会升高，伤害叶片也会损伤花根。花开时，如果枝上的花蕊将要开完，只有一两朵没有开就可以剪去，如果留下来让花开尽就会抢夺第二年的花朵精气。九月看花干燥的地方用水浇灌，记牢土壤不要太潮湿，用含肥料的水培植灌溉一两次也无妨。冬天十月、十一月、十二月以及正月不浇水也没事。兰花最怕冰霜和风雪，必须将细密篮子用纸糊好遮挡保护，防止烟熏和灰尘两种伤害，一定要安顿在朝阳有日照的地方，朝南的窗下掩埋盆子，盆子入土两三日就要将其旋转一次，保证阳光均匀照晒，那么开花时就会四面都有花，如果只晒一面，那么就只有一面有花。

浇水法[1]

用河水，或池塘水，或积留雨水最佳。其次用溪涧水，切不可用井水，大抵[2]井水性阴，恐致冻损。浇时须于四畔匀灌，不可从上浇下，恐坏其叶也。四月若有梅雨不必浇，若无雨方浇，五月至八月须晨起日未出时浇一番，至晚黄昏浇一番，又须看花干湿，不必十分大湿，恐致烂根。

注释

〔1〕《浇水法》摘自《遵生八笺·燕闲清赏笺（下）》。

〔2〕大抵：大概，大都。

译文

用河水、池塘水或者积留储蓄的雨水最好，其次用溪涧水，一定不可以使用井水浇灌，大概是因为井水水质偏阴，恐怕会导致植株冻伤损坏。浇水时必须在根部四周均匀浇灌，不能从上往下浇，否则会损坏叶片。四月如遇梅雨天气就不用浇水，如果没有下雨才要浇水，五月到八月必须在早晨还未日出时浇一次，到黄昏时再浇一次，还要看一下盆土的干湿程度，不能特别湿润，否则会导致花根腐烂。

肥泥法[1]

栽兰用泥，不管四时。收蕨菜[2]草待枯，于空地铺放，以山泥薄覆草上，复再铺草于泥上，又将泥覆，如此相间三四层，则发火[3]煨[4]之。却[5]用粪入前土，稍干又以粪浇入，如此又数次，安放闲处，听栽时用。或拾旧草鞋积浸水粪中，日久用黄泥拌烧过，又用大粪浇放空地，仅令雨打日照，两三月收起听栽，亦佳。

注释

〔1〕《肥泥法》摘自《遵生八笺·燕闲清赏笺（下）》。

〔2〕蕨菜：又叫“拳头菜”“龙头菜”，喜生于浅山区向阳地块，多分布于稀疏针阔叶混交林。

〔3〕发火：点火。

〔4〕煨：用小火慢慢地煮。

〔5〕却：再。

译文

一年四季均应用泥土栽培兰花。收集蕨菜，等其干枯后铺于空地，用山泥薄薄地在枯草上覆盖一层，再在泥上铺放一层枯草，再将泥铺在草上，像这样间隔铺放三四层，然后用小火慢熏。再将粪水灌入其中，稍干一点后再用粪水浇灌，像这样浇灌多次后就放置在旁，等栽种时用。或者捡拾旧草鞋，将其长时间浸泡在粪水中，一段时间后用黄泥搅拌并烧制，然后再用大粪浇灌，放置在空地上，经历雨打日照，两三个月后收起来，等栽种时使用也可。

〔清〕诸昇

除虮法[1]

肥水浇花必有虮虱[2]，在叶底恐坏叶则损花，如生此虫，即研火麻或苦参和水，以白笔蘸拂洗叶上干净，其虫自无。

注释

〔1〕《除虮法》摘自《遵生八笺·燕闲清赏笺（下）》。

〔2〕虮虱（jǐshī）：虱子及其卵。

译文

肥水浇花一定容易滋生虮虱，在叶下生长就会危害叶片进而危害花朵，如果长了这种虫子，就研磨火麻或者苦参，拌水后用白笔蘸取并擦洗叶片，将叶片清理干净后虫子自然就没有了。

治疗法[1]

叶紫红，恐因受霜打以致耳，急须移向南檐背霜雪处安顿，则仍复自青。叶有斑必伤水，宜干之。叶黄必受旱，当用苦茶浇之。最忌春雪，一点着叶则叶毙矣。可将鸡鹅燖汤用缸盛贮，待其作臭，去毛浇之，或以皮屑浸水，或以洗鱼腥水浇之，绝妙。

注释

〔1〕《治疗法》摘自《遵生八笺·燕闲清赏笺（下）》。

译文

叶片呈紫红色可能是受霜雪侵袭所致，一定要赶快转移到朝南屋檐下可以躲避霜雪的地方安置养护，那么叶片仍旧可以恢复其自然的绿色。叶片上有斑点，一定是浇水太多，宜令其干燥一些。叶片发黄一定是因为土壤过于干燥，应该用苦茶水浇灌。兰花最害怕春天下雪，只要一点儿雪花附在叶片上，叶片就冻伤了。可以将烫去鸡毛、鹅毛的水用缸储存，等它发臭，滤掉羽毛后浇灌兰花，或者将皮屑浸泡在水中，或者用洗鱼的鱼腥水浇灌，都是很不错的。

培兰四戒[1]

春不出，宜避春之风雪。夏不日，避炎日之销烁[2]。秋不干，宜常浇也。冬不湿，宜藏之地中，不当见水成冰。

注释

〔1〕《培兰四戒》摘自《遵生八笺·燕闲清赏笺（下）》。
〔2〕销烁：同“销铄”，指灼热。

译文

春天不宜将兰花移出室外，应当躲避春天的风雪。夏天不宜接受日晒，应当躲避高温时的灼热。秋天不宜过于干燥，应当经常浇灌。冬天不宜过于潮湿，应当将根埋在地里，不能处于见水成冰的低温空气中。

〔清〕诸昇

逐月护兰方[1]

正月相宜置坎[2]方，好将枝叶趁阳光，更须避冷藏轩内，勿使春风雪打伤。二月须令竹作栏，风摧叶变鹧鸪班，庭前移进还移出，避雪迎阳护更难。三月新条出旧丛，此时却更怕西风，提防地湿多生虱，根下休教壅着浓。四月盆泥日晒焦，微微着水灌根苗，先须皮浸河池水，煎过浓茶亦可浇。五月新抽叶更青，树阴竹底架高檠，须防蚁穴根窠下，老叶凋残尽莫生。六月骄阳暑正炎，青青新叶怕烦煎，却宜树底并遮箔，清晚须教水接连。七月虽然暑渐消，更须三日一番浇，却防蚯蚓伤根本，肥水还令和溺[3]调。八月西风天气凉，任他风雨又何妨，便浇粪水能肥叶，鸡粪壅根花更香。九月将残防早霜，阶前南向好安藏，若生白蚁兼黄螘[4]，叶洒鸡油庶不伤。十月阳生暖气回，明年花蕊已胚胎，玉茎不露须培土，盆满秋深急换栽。冬月庭中宜向阳，更宜笼罩土埋缸，若还在外根须湿，干燥须知叶要黄。腊月风高冰雪寒，却宜高卧竹为龛[5]，宜教二月阳和日，梦醒教君始出关。

注释

〔1〕《逐月护兰方》摘自《遵生八笺·燕闲清赏笺（下）》。

〔2〕坎：八卦之一，正北方之卦。

〔3〕溺（niào）：同“尿”。

〔4〕螘：通“蚁”。

〔5〕龛：供奉佛像、神位等的小格子。

译文

正月适合将兰花放在朝正北的方向，将枝叶朝向阳光，还需要放置在屋内躲避寒冷，不要受到春日风雪的伤害。二月应该用竹子做成护栏挡在前面，不然风吹叶子会使其变色并长出鹧鸪斑，将兰花从室内搬至庭院接受光照，再搬回室内躲避风雪，这个阶段的养护很难。三月新枝条从旧枝丛中长出，此时更害怕西风，还要防止土壤过于湿润长虱子，花根处不要堆砌过多肥土。四月盆中泥土每天暴晒以致焦干，稍微浇水灌溉一下根苗，先用皮浸河池水，煎过的浓茶也可以浇灌。五月新抽出的叶片更青翠，在浓密的树荫或竹林下安置高的灯架补充光照，需要预防根下生蚁穴，可能会导致老叶落尽，彻底不再生发新叶。六月骄阳似火，正值炎热，青嫩的新叶最怕煎晒，最好置于树底并遮盖草帘子，早晚持续浇水。七月虽然暑气渐渐消散，但还须三天浇一次水，还要提防蚯蚓伤害根部，肥田的粪水还需要和尿液调匀后施用。八月西风吹，天气凉，任凭风吹雨打植株也不怕，浇灌粪水能使叶肥厚，用鸡粪培植根部花朵会更幽香。九月花朵将凋零，要提防早晨的霜降，在台阶前朝南处安置养护，如果生出白蚁和黄蚁，就在叶上洒些鸡油，或许可以使叶片不受害。十月，温暖的气候回归大地，第二年的花蕊已经在孕育中，根茎不能裸露，要用土培植，花盆溢满的深秋时节就换盆移栽。十一月兰花在庭院中摆放，最好向阳，适宜用土掩埋花盆，根如果裸露在外必须保持湿润，干燥的话就知道叶子要变黄了。十二月风急，冰雪寒冷，应该将兰花的根收藏在小格子或高架竹阁里，等到翌年二月春回大地的时日，如同大梦醒来，方可取出。

茉莉[1]

有千叶，初开时，花心如珠，有重台[2]，惟粤西及楚之永、道二州颇多，有单瓣者产自江西，俱喜肥爱日。早夕以米泔水[3]浇之，则花开不绝，或皮屑浸水浇之亦可，又云宜粪与洗鱼水，但欲加土壅根为妙。惟难过冬，若天色作寒移置南窗下，每日向阳，至十分干燥，以水微湿其根；或以朝南屋内湿地上掘一浅坑，将花缸存下，缸口平地上，以篾笼纸糊罩花口，傍以泥筑实，无隙通风，此最妙法也。至立夏前，方可去罩，盆中周遭去土一层，以肥土填上，用水浇之，芽发方灌以粪，次年和根取起，换土栽过无不活者，如此收藏多年可延。又云卖花者惟欲花瘁，其中有说，夏间收回，即换土种之，去其故土、垄糠，亦是一法。

注释

〔1〕《茉莉》摘自《遵生八笺·燕闲清赏笺（下）》。

〔2〕重（zhòng）台：复瓣的花或指同一枝上开出的两朵花。

〔3〕米泔水：淘米水。

译文

有一种千叶茉莉，初开时花心像珍珠一般，复瓣，只有粤西地区和楚地永、道两个州有很多，还有一种单瓣茉莉，产自江西，这两种茉莉都喜肥，喜爱阳光。早晚用淘米水浇灌可以使茉莉开花不断，用皮屑浸水浇灌也可，还有说最好用粪水和洗鱼水的，但是要加土培植花根才好。只是很难度过冬天，如果天气开始寒冷，就把茉莉转移到向南的窗下放置，每天晒太阳，至土壤特别干燥后用水微微湿润茉莉根部；或者在朝南屋里的湿润土地上挖一个浅坑，将花缸放在浅坑里，缸口与地面平齐，再用纸糊的竹笼罩在花口，旁边用泥巴封严，没有缝隙流通空气，这是最好的方法。到立夏前才可以去掉竹笼，将盆中表层土去掉一层，用肥沃的土填上，浇水，长出枝芽后再浇灌粪水，第二年连根一起挖出，更换土壤栽种，这样就都会成活，像这样收藏茉莉很多年可以延长根的寿命。有说卖花的人只希望花憔悴生病，这其中的缘故是说夏天回收就更换土壤栽种，去掉原来的土、砻糠，也是一种培植方法。

奇梅

寻常红白之外有五种。如绿萼蒂，纯绿而花香，亦不多得；有照水梅，花开朵朵向下；有千瓣白梅，名玉蝶梅；有单瓣红梅；有练树接成墨梅。皆奇品也。[1]邻以松竹，姿媚更献[2]。含烟笑日、餐霞吟月，窗外一枝，诗酒之兴不觉倍增。以桃本接，亦可核种。喜风日，夏不可渴水。

注释

〔1〕寻常红白之外有五种。……皆奇品也：摘自《遵生八笺·燕闲清赏笺（下）》。

〔2〕献：表现出来。

译文

除普通的红梅、白梅外还有五种特别的梅花。绿萼蒂，纯绿色，花香，不可多得；照水梅，开花时每一朵花都朝下；玉蝶梅，是一种千瓣白梅；有一种是单瓣红梅；还有一种是练树嫁接成的墨梅。以上五种梅花都是珍贵品种。在旁边栽种松树、竹，梅花的娇媚姿态更容易表现出来。诗人含烟笑日、餐霞吟月，若窗外有一枝梅，那吟诗饮酒的兴致自然加倍增长。用桃根嫁接，也可以将果实中的种子播种。梅花喜欢风和阳光，夏天不能缺水。

异桃

桃花平常者亦有粉红、粉白、深粉红三色，其外有单瓣大红，千叶红桃之变也，单瓣白桃、千叶碧桃之变也，俱可杂植柳堤，为春色一助，且结实累累，可玩可食。又有绯桃，俗名苏州桃，花如剪绒[1]者，比诸桃开迟而色可爱。有瑞仙桃，花色深红，花密。有绛桃，千瓣。有二色桃，色粉红，花开稍迟，千瓣极雅，名曰送春归，真玄都异种，未识刘郎[2]者也。以上各桃可接，亦可核种，但茂过三五年必坏，须于元宵夜以刀将树本皮破尽、条痕，春时浆瀑，方耐久。

注释

〔1〕剪绒：菊花的珍品之一。

〔2〕刘郎：唐朝刘禹锡《元和十年自郎州至京戏赠看花诸君子》诗中有一句“玄都观里桃千树，尽是刘郎去后栽”。“刘郎”为刘禹锡自称，后用其指刘禹锡。玄都观，在长安（今陕西省西安市）。

译文

桃花一般有粉红色、粉白色、深粉红色三种颜色，除此之外，单瓣大红色的品种是千叶红桃嫁接成的，单瓣白桃是千叶碧桃嫁接成的，都可以交错种植在柳堤上增添春色，而且这些品种结果多，可赏玩也可品尝。绯桃，俗名“苏州桃”，花像剪绒菊花一般，比其他桃花开放时间晚，但是颜色让人喜欢。瑞仙桃，花色深红且花朵繁密。绛桃，千瓣。有一种二色桃，花粉红色，开花稍迟，千瓣的造型非常高雅，名叫“送春归”，真是玄都观的珍品，连刘禹锡都不曾见过。以上桃花品种可以嫁接也可以用果核种植，但是繁茂生长三五年后就会坏掉，必须在元宵当晚用刀将树皮全部砍破，划上条痕，春天时露出树浆，才能长久生长。

杏花〔1〕

有梅杏、沙杏之分，惟以重台红者为佳。根生原浅，以大石压根，则花盛果结，核种。

注释

〔1〕《杏花》摘自《遵生八笺·燕闲清赏笺（下）》。

译文

杏有梅杏和沙杏的区别，只有复瓣红花的是最好的。根生得浅，用大石块压紧根部，那么花会开得繁茂，结出果实，用果核栽种。

山茶

木本，皮薄骨硬，伤水则叶乌干墨，渴则叶黄、枝枯，最无回性，亦不易养。惟喜阴，现风，土爱肥，干湿得宜则叶润枝茂，花朵胚十个月，开在二三月之交。有粉红若沉醉中天[1]之状，有白千瓣，不啻[2]玉成雪酿。有大红滇茶，大如茶盏，色艳灿日，种出云南。玛瑙山茶，红、黄、白三色，伙作堆心，外大瓣朱沙红色，有“八宝装”之号。宝珠鹤顶山茶，中心如馒，丛簇似剪绒可爱，若吐白须者不佳，但性既喜阴，必栽阴所，花时岂能移筵就赏？当以一二种上小缸就筵赏玩，谢后以沉粪浇一次，安置阴风处，自发新枝，花胎随现。

注释

〔1〕中天：天空。

〔2〕不啻：不只，不止，不仅，不亚于。

译文

山茶是木本植物，皮薄但枝干很硬，浇水太多叶子就会发乌、枝干如墨汁一样黑，浇水太少枝叶就会枯黄，变得没有弹性，也不容易养。山茶喜阴凉通风的环境，喜肥沃土壤，如果土壤干湿得当，就会枝繁叶茂，花朵孕育并生长要十个月，开在二月、三月之际。粉红色的品种像是沉醉在天空的状态，白色千瓣的品种，洁白的程度不亚于玉石白雪。滇山茶的花朵像茶盏般大，颜色鲜艳夺目，出自云南。玛瑙山茶的花朵有红色、黄色、白色三种颜色，多呈堆心状，外层大花瓣呈朱砂红色，有“八宝装”的称号。宝珠鹤顶山茶的中心如同馒头，丛生状如剪绒菊花一样让人喜欢，但如果是吐出白色丝须的就不好。只是山茶既然喜欢阴凉的环境，就一定要种植在遮阴处，开花时怎么移动宴席就近观赏呢？应当用小花盆种植一两种山茶，这样可以移至宴席上玩赏，待其凋谢后，用浓粪水浇灌一次，安放在阴凉通风的地方，自然会长出新枝条，花骨朵随即出现。

玉兰

花朵毛壳胚胎十个月，未开时浇以粪水，则花大而香。其形质[1]类莲花，开在三月，素艳[2]高标[3]，清香袭[4]地，有若白鹤来朝，令人欲仙。花后方发叶，叶完即蕊。古名木兰，但卖者常以辛夷充之，不可不辨。栽以肥土，浇以肥水为宜。

注释

〔1〕形质：外形，外表。

〔2〕素艳：素净而美丽。

〔3〕高标：清高脱俗的风范。

〔4〕袭：触及，熏染，侵袭。

译文

玉兰的花朵孕育并成长要十个月，还没有开放时用粪水浇灌，开花后就会花朵大且香气浓。它的外形像莲花，在三月开放，素净美丽，清高脱俗，清幽的香气满地，就好比白鹤来朝见，让人飘飘欲仙。开花后才长叶子，叶子长完就生花蕊。古时命名为“木兰”，只是卖花的人常常用辛夷冒充，一定要分辨清楚。用肥沃的土壤栽种，用肥水浇灌最适宜。

腊梅

今日狗英腊梅亦香，但腊梅惟圆瓣、重台、磬口[1]为佳，若瓶一枝，香可盈室。今之元瓣腊梅皆如荷花瓣，谓之照水，识者辨之。但蕊朵将及豆大，每若雀喙，有以小铜铃挂树杪惊逐者，亦有以丝网盖护者，吾侪[2]不可不知。分栽在立春前，必各有根须方活，喜风、日，不可渴水。

注释

〔1〕磬口：蜡梅品种之一。

〔2〕吾侪：我辈，我们这类人。

译文

虽然狗英蜡梅也很香，但是蜡梅还是以圆瓣、复瓣、磬口的最好，如果在瓶中插一枝，香气可以充盈整间屋子。现在的圆瓣蜡梅都像荷花花瓣似的，称作“照水”，认识的话就可以辨识出它。只是蜡梅花蕊像豆子般大，经常有鸟类来啄食，有人将小铜铃挂在树顶，一下子就把它们吓跑了，也有用丝网遮盖庇护的，我们一定要知道这些方法。在立春前分栽，分栽的植株一定要有根须才能存活，蜡梅喜欢通风、有阳光的环境，不能缺水。

绣毬[1]

麻叶，花开小而色边紫者为最，其白粉团□□，毬花也，宜种牡丹台处，与牡丹同开。欢团献□□盾生香，堪为牡丹衬色。俱用八仙花种于盆，□□去半边，架起就树靠接，本花枝亦可攀压，□□□根斩断。下有靴头湾若□，靴头又无接痕，便是八仙，不可不辨。

注释

[1]《绣毬》中有部分文字借鉴了《遵生八笺·燕闲清赏笺（下）》的内容。

译文

绣球是麻叶，小花且有紫色花边的品种是最好的，其中白粉团□□，就是绣球花，最好种植在牡丹台旁，使其和牡丹一起开放。欢团献□□盾生香，能够为牡丹增色。都将八仙花种在盆中，□□去掉半边，支架架起来就在原树上嫁接，原本的花枝也可以攀爬压折，□□□将根斩断。下面呈靴子头状，弯如□，靴头上没有连接痕迹的，就是八仙花，一定要分清。

瑞香

有紫花名紫丁香，有粉红者名瑞香，有白瑞香，有绿叶黄边者名金边瑞香，惟紫花叶厚者香甚。他如桂林有象蹄花，似卮〔1〕叶小；拘那花，夏开淡红；白鹤花，花如鹤；上元花，上元时开，似茶花，清香素色，俱名花，惜不可得。春分时将老枝斩断，一半连，一半用竹筒筑上，俟梅雨，生根有须出，截下，入土栽种。有云此为千叶花，花至千必死，似宜常截，性喜阴凉。

注释

〔1〕卮：本为古代一种酒器。宋朝范成大《桂海虞衡志》中提到“象蹄花，如栀子而叶小”，可知此处“卮”当作“栀”。

译文

有紫色花的叫“紫丁香”，有粉红色花的叫“瑞香”，还有一种叫“白瑞香”，有绿叶黄边的叫“金边瑞香”，只有开紫花且叶片肥厚的品种花香浓郁。其他的比如产自桂林的象蹄花，比栀子叶小；拘那花，夏季开放，花呈淡红色；白鹤花，花朵好像一只鹤；上元花，上元节时开放，像茶花，香气清幽，颜色淡雅，这些都是名贵的瑞香品种，可惜不能得到。春分时将老枝斩断，一半连着，一半用竹筒接上，等到梅雨时节，根生发，长出须根，截下来后栽种。有人说这是千叶花，花叶达到千片就无法成活，适合经常分栽，本性喜欢阴凉环境。

石榴

种有千叶，有四面镜，有大红，有粉红、鹅黄各色，真西域别枝，堪惊博望[1]者也。其有各色，单瓣必定结实，秋冬笑列[2]，摘之盘中，红子灿润，何啻珠宝盈前？食子洒地可生，但二月间，将嫩枝条插肥土中，用水频浇，则自生根；或将老枝正月插土，更易长活，若已成树，日中长晒，早晚灌水，发有嫩条即摘去，则花必茂。其性喜湿。

注释

〔1〕博望：博望侯，汉朝张骞的封号。

〔2〕列：同“裂”。

译文

石榴品种有千叶石榴、四面镜石榴等，果实颜色也有大红色、粉红色、鹅黄色等，还有来自西域的另一个品种，让张骞惊叹不已。其有各色品种，单瓣石榴一定结果实，秋冬季果实成熟开裂后摘到盘子里，红色的果粒晶莹透润，何止像是珍珠宝石放在面前呢？吃完石榴将种子抛撒在地上就可以生长，只在二月间将鲜嫩枝条插在肥沃的土里，用水频繁灌溉，就自然长出根；或者将老枝在正月插入土中，更易成活，若已是树苗，那就白天接受长时间日晒，早晚浇水，长出嫩枝就立即摘去，那么花一定繁茂。石榴喜欢湿润环境。

海棠

铁梗，花红类朱，必要现风日雨露，否则色淡，未叶枝干古雅，叶出大小参差，亦足观赏。有西府，有木瓜。西府，花类棠梨〔1〕，色粉红可爱。木瓜，花如铁梗，色亦粉红，结实香芬可食。又有垂丝海棠，吐丝美甚。皆成大树，亦可接作盆景，冬至日用糟水浇，则来春花盛。

注释

〔1〕棠梨：俗称“野梨”。落叶乔木，叶长圆形或菱形，花白色，果实小，略呈球形，有褐色斑点。可用作嫁接各种梨树的砧木。

译文

贴梗海棠，花红得像朱砂一样，一定要暴露在风、阳光、雨露中，否则花色就会素淡，没长出叶子的时候枝干雅致且有古典风韵，长出的叶子大小不齐，也是值得观赏的。还有两个品种，一是西府海棠，一是木瓜海棠。西府海棠，花像棠梨花，粉红的颜色令人喜爱。木瓜海棠更像贴梗海棠，花色粉红，结出可食用的香甜的果实。还有一种垂丝海棠，吐出的花丝也很美丽。这些品种都可以长成大树，也可以嫁接成盆景，冬至时用糟水浇灌，那么第二年春天花朵一定茂盛。

佛桑[1]

有大红，有粉红，有黄，有白四色，自四月间至十月方止，花枝可爱，妙莫与比，但无法可令过冬，是大恨[2]也。

注释

〔1〕佛桑：即扶桑。
〔2〕恨：遗憾。

译文

扶桑有大红色、粉红色、黄色、白色四种颜色，从四月盛开到十月才结束，花枝让人喜爱，奇妙之处无与伦比，只是没有办法让它度过冬天，这是很遗憾的事情。

茶梅

开在十一月中，正诸花凋谢之后，花如□□钱，而色粉红，心黄，开且耐久，望之雅素，无此则子月虚度矣。

译文

茶梅在十一月中旬开花，正是其他花卉凋谢之后，花朵好像□□钱，花瓣粉红色，花心黄色，开放持久，远远看去高雅恬淡、质朴，没有茶梅就会虚度十一月的好时光。

紫薇

花如小雀，丛簇满枝，有紫、红、白三种，艳丽可观。

译文

紫薇花好似小雀鸟群聚在枝头，有紫色、红色、白色三种颜色，鲜艳美丽，值得玩赏。

梨花

有香、臭二种。其梨之妙者，花不作气〔1〕，醉月歌风，含烟带雨，萧洒丰神〔2〕，莫可与并。

注释

〔1〕作气：散发浓郁的香气。

〔2〕丰神：风貌神采。

译文

梨花有香的和臭的两种。梨花的绝妙之处在于不散发浓烈的香气，或清风朗月，或烟雨朦胧，此刻梨花的风貌神采清雅脱俗，没有什么可以和它相比。

紫丁香

木本花，如细小则为丁香，而瓣柔、紫蓓蕾。而生接、种俱可，自是一种。非瑞香别名。

译文

紫丁香是木本植物，如果花朵细小就是丁香，而且紫丁香花瓣柔软，花蕾呈紫色。但是如果嫁接和播种都可以成活的话，那就是另外一种花。不是瑞香的别名。

木樨

有四种，金黄花、白花、黄花，结子四季，花惟金桂最，叶边如锯齿而纹粗者，其花香甚，若苏桂小亦开花，灌以猪粪则花茂，蚕沙[1]壅之亦可。

注释

〔1〕蚕沙：家蚕粪，黑色，形同沙粒，干透后可作为枕头的装料或入药。

译文

木樨有四种，有开金黄花的、有开白花的，还有开黄花的，四季结果，其中只有金桂最珍贵，叶片有锯齿和粗纹，花朵特别香，像苏桂虽小但是也开花，用猪粪水浇灌就会花开茂盛，用家蚕粪培植也可以。

芙蓉

有数种，惟大红千瓣、白千瓣、半白半桃红千瓣。醉芙蓉，朝白，午桃红，晚改大红者佳甚，不必分根。记在十一月中将嫩条剪下，砍作一尺一条，向阳地上掘坑埋之，仍以土掩，至正月后起条，遍插水边、林下，无不活者，当年即花。

译文

芙蓉有好几种，比如大红千瓣芙蓉、白千瓣芙蓉、半白半桃红千瓣芙蓉。醉芙蓉早上开白色花，中午变为桃红色，晚间变成大红色，是佳品，不用分根栽种。记得在十一月中旬将鲜嫩的枝条剪下，砍成一条一尺长，在向阳的土地上挖坑，用土掩埋，到正月后挖起枝条，在水边、树林里随处扦插种植，都会成活，当年就会开花。

紫荆

花碎而繁，色浅紫，每花一蒂，若柔丝相系，故枝动朵朵娇颤不胜，俗名怕痒，是指此。亦以根分。

译文

紫荆花朵细小繁多，颜色浅紫，每朵花一个花蒂连接花枝，好像柔软的丝线相互连结，因此花枝一动朵朵花儿就娇羞颤抖不止，俗名叫“怕痒”，就是指这一点。紫荆是分根栽种的。

夹竹桃

花如桃，叶如竹，故名。然恶湿而畏寒，十月初，宜置向阳处放之，喜肥，不可缺壅。

译文

夹竹桃花像桃花，叶子像竹叶，因此得名。但是其不喜欢潮湿环境，而且害怕寒冷，十月初最好把它放置在向阳的地方，其喜欢肥沃土壤，一定要施肥。

槿花

篱槿[1]单瓣，花之最恶者也。外有千瓣白槿，大如劝杯[2]，有红及粉红千瓣，远望可观，即海南朱槿、那提槿也。且插种甚易。

注释

〔1〕篱槿：篱边的木槿花。

〔2〕劝杯：酒杯名，专用于敬酒或劝酒，体积较大，且制作精美。

译文

篱边的木槿花是单瓣花，是槿花中最差的。此外，有千瓣白槿，花大如同劝杯一样，还有红色和粉色的千瓣槿，远远望去值得玩赏，即海南朱槿、那提槿。扦插种植都很容易成活。

栀子

千瓣为上，叶青四季，三四月抉枝蹄[1]，插湿地即活。

注释

〔1〕枝蹄：这里指栀子的分枝。

译文

千瓣栀子是上品，叶子四季常青，三四月时挑选分枝，插在湿润的土地中就能成活。

白菱花

木本，花如千瓣菱花，叶同栀子，一枝一花，叶托[1]花朵，七八月开，色白如玉可爱。亦接种也。

注释

〔1〕托：陪衬，铺垫。

译文

白菱是木本植物，花好似千瓣菱花，叶像栀子，一枝一花，叶衬托花，七月、八月时开放，颜色如同白玉一般令人喜爱。白菱花是嫁接栽种的。

练树花

白若练，发花如海棠，一蓓数朵，满树可观。

译文

练树花朵呈白色，如同白绢，开花状态如同海棠，一个花苞开数朵花，满树繁华，值得玩赏。

橙花

花细而白，香清可人，以之蒸茶，向〔1〕为龙虎山进御绝品。结实如碗大，秋黄摘数枚盛于盘内，清香扑鼻，亦可置之枕畔，或罗〔2〕悬帐顶，梦昧犹香。

注释

〔1〕向：从前。

〔2〕罗：罗列。

译文

橙花小而白，香气清幽可人，多用橙花蒸茶，从前是龙虎山进贡的佳品。结的果实像碗一般大，秋天颜色呈金黄时摘下几枚装在盘子里，清幽的香气扑鼻，也可以放在枕边，或者罗列着悬挂在蚊帐顶，这样梦里可以依稀有几缕清香。

樱桃

三月间折树枝，有根须者栽之，浇以粪水即活，结子可食。

译文

三月折下樱桃枝，选择几枝有根须的栽种，浇灌粪水就会成活，结出的果实可以食用。

枇杷

一名芦桔，其色寒暑无变，负雪开花，春间结子，至夏成熟，以核种之，苗出待长移栽，三月宜接。

译文

枇杷又叫“芦桔”，它的颜色无论寒暑都不会变，经历风雪就会开花，春天结果实，到夏天成熟，用果核栽种，等苗长出来并且长长了就移栽，三月适合嫁接。

山磐花

生杭之西山，三月着花[1]，细小而繁、香馥甚远佳，俗名七里香。

注释

〔1〕着花：长出花蕾或花朵。

译文

山磐花生长在杭州西山，三月开花，花朵细小繁多、馨香馥郁的是佳品，俗名叫“七里香”。

郁李花

有粉红、雪白二色，俱千叶花，甚可观，如纸剪族[1]成者。子可入药。

注释

〔1〕族：聚合，集中。

译文

郁李花有粉红、雪白两种颜色，都是千叶花，非常值得观赏，好像剪纸聚合而成的。果实可以入药。

松柏

四季青翠，长丈余者皆可移栽，必须冬月，周围宽挖一沟，使飞根斩断，正月起栽他处，以三木插就，使风不摇，自活。子种。

译文

松柏四季常青，长到十尺多就可以移栽，一定要在农历十一月移栽，周围挖一条宽沟，将须根斩断，正月移栽到其他地方，用三棵树围插扶持，使风无法令其摇晃，自然成活。松柏靠种子进行播种繁殖。

梧桐

根苗分栽，本干光绿可判。诗句：“叶翠层叠可观。”其实如莲花，一瓣，子周瓣边。食甚香美。

译文

梧桐用根苗分栽的方式进行繁殖，主干的光泽青翠可辨。有一句诗这么说：“叶翠层叠可观。”梧桐的果实像莲子，花有一瓣，果实环绕在花瓣周围，品尝起来香甜可口。

垂柳

有本高及丈，条叶垂地者，枝插水边即活。若谓以杨倒插所成，则谬甚矣，此另是一种。

译文

垂柳树干高达十尺以上，条状树叶悬垂，枝条扦插在水边就会成活。“杨树倒插也能成活”的说法是错误的，这是另外一个品种。

棕树

性喜肥，棕生七片则剥，令其易生。有云见别木浇而不及已，则气杀，未试，不知果[1]否。

注释

〔1〕果：确实，真的。

译文

棕树性喜肥沃，棕叶长出七片就要剥去，让它容易生长。有人说棕树如果看见给别的树木浇水但是不给自己浇水就会气死，没有试验过，不知道是否是真的。

竹[1]

谚云："宁可食无肉，不可居无竹"[2]，竹之品类六十有一，可入清玩[3]者惟数种，余皆织篱作器之用，不足录也。种竹务择雌者，出笋自多。若欲识雌雄，当自根上第一枝观之，双枝是雌，独枝者是雄。冬至前后各半月不可种植，盖天地闭塞而成，冬种之必死，若遇火日[4]或西南风亦不可，花木皆然。凡竹处当积土，令稍高于旁地二三尺，则雨潦[5]不侵损，钱塘人谓之竹脚。竹有醉日，即五月十三日也，《齐民要术》[6]谓之竹醉日，《岳州风土记》[7]谓之龙生日。种竹以五月十三日为上，是日遇雨尤佳。又一云宜用腊日[8]，杜少陵诗："东林竹影薄，腊月更宜栽。"[9]又云栽竹无时，雨过便移，多留宿土，须记南枝，三说皆是。又法三两竿作一本移种，其根自相扶持，尤易活也。竹生花，其年便枯，竹六十年易根，易根必花，结实而枯死，实落复生，六年而成町[10]。子作，蕙似小麦。其治法于初来时，择一竿稍大者，截去近根三尺许，通其节，以粪实之，则止。又一法，先将竹砍去本，止留二三寸，填土硫磺在管内，覆转，根反居上，用土覆之，当年生笋，若厌竹根串蔓，以芝麻梗埋土止之，则不过矣。

注释

〔1〕《竹》摘自《遵生八笺·燕闲清赏笺（下）》。

〔2〕“宁可食无肉，不可居无竹”：出自宋朝苏轼《於潜僧绿筠轩》“可使食无肉，不可使居无竹。无肉令人瘦，无竹令人俗”。

〔3〕清玩：即清供，放置在室内案头供观赏的物品摆设，主要包括各种盆景、插花、时令水果、奇石、工艺品、古玩、精美文具等，可以为厅堂、书斋增添生活情趣。

〔4〕火日：太阳。

〔5〕雨潦：大雨积水。

〔6〕《齐民要术》：北魏贾思勰的农学著作。

〔7〕《岳州风土记》：北宋范致明的地理学著作。

〔8〕腊日：腊八节，俗称“腊八”，即农历十二月初八，古人有祭祀祖先和神灵、祈求丰收吉祥的传统，一些地区有喝腊八粥的习俗。相传这一天还是佛祖释迦牟尼成道之日，称为“法宝节”，是佛教盛大的节日之一。

〔9〕杜少陵诗：出自唐朝杜甫《舍弟占归草堂检校聊示此诗》。

〔10〕町：古代的地积单位，《齐民要术》以长四丈八尺、宽一丈五寸为一町。

译文

谚语说：“宁可食无肉，不可居无竹。”竹子的品种分类有六十一种，可以玩赏的佳品只有几种，其余的都只能用来编织篱笆、器具等，不值得记录。栽种竹子一定要选择雌竹，这样长出的笋子多。如果想要辨别竹子的雌雄，应查看竹根往上的第一枝，双枝是雌竹，单支是雄竹。冬至前后半个月不可以栽种，大概是天地封闭的缘故，冬天种植一定会死，如果遇到烈日和西南风也不可以，花木都是如此。凡是种竹子的地方都应该堆土，让它稍微比旁边的土地上高两三尺，那么即使下雨积水也不会侵害竹子，钱塘人称之为“竹脚”。竹有醉日，就是五月十三日。《齐民要术》称为“竹醉日”，《岳州风土记》称为“龙生日”。栽种竹子最好在五月十三日，这一天下雨就更好了。有一种说法是适宜在腊日种植，杜甫诗说：“东林竹影薄，腊月更宜栽。”还有说栽竹不分时间，大雨过后就可以移栽，多保留旧土，枝条须向南，这三种说法都对。还有说三两竿作为一根移栽，它们的根就会相互帮扶，尤其容易成活。竹子开花，这一年就会枯萎，竹子六十年换一次根，换根一定开花，结果就会干枯死亡，果实落地又会生长，六年就长满一片地。抽出穗来像小麦。它的种植方法跟当初栽种时一样，选择一根稍微大一点的在距根部三尺多处截断，贯通它的竹节，用粪灌实才停。有一种方法是先将竹根砍去，只留两三寸，在竹管内填满土、硫黄，反转将根放在上部，用土覆盖，当年就会长竹笋，如果压紧，那么竹根就会成串蔓延，用芝麻梗埋在土里阻止其泛滥，就不会错了。

斑竹

即吴地称湘妃竹[1]者，其斑如泪痕，枝叶甚佳，杭产者不如。亦有二种，出古辣[2]者佳，出陶虚山[3]中者次之，土人裁为箸[4]，甚妙。

注释

〔1〕湘妃竹：传说舜帝的两个妃子娥皇、女英千里追寻舜帝，到君山后，闻舜帝已崩，抱竹痛哭，流泪成血，落在竹子形成斑点，故名“湘妃竹”，又名“泪竹”。

〔2〕古辣：地名，在今广西壮族自治区南宁市宾阳县。

〔3〕陶虚山：山名，位置不详。

〔4〕箸：筷子。

译文

斑竹在吴地被称为“湘妃竹”，它的斑点像泪痕，枝叶很美，杭州产的比不上吴地产的。还有两种，产自广西南宁的是上品，产自陶虚山中的稍次一等，当地人用来制作筷子，很奇妙。

方竹[1]

澄州[2]产方竹，杭州亦有之。体如削成，劲挺可堪[3]为杖，亦不让张骞节竹杖也，其隔州亦出，大者数丈。

注释

〔1〕《方竹》摘自《遵生八笺·燕闲清赏笺（下）》。
〔2〕澄州：唐朝州名，治所在今广西壮族自治区南宁市上林县。
〔3〕可堪：可以用来。

译文

澄州出产方竹，杭州也有。竹体像是刀削成的，干练挺直，可以用来做手杖，而且不输给张骞的竹节手杖，隔壁州也出产方竹，大的有数十尺长。

孝竹[1]

杭产孝竹。冬则笋生丛外，以卫母寒；夏则笋生丛内，以凉母热。其竹干可作为钓竿，丛生可爱。

注释

〔1〕《孝竹》摘自《遵生八笺·燕闲清赏笺（下）》。

译文

杭州出产孝竹。冬天竹笋生长在竹林外，护卫母竹御寒；夏天竹笋生长在竹林内，为母竹防暑，使之阴凉。它的竹竿可以用来制作钓鱼竿，竹子丛生让人喜爱。

黄金间碧玉竹[1]

杭产，竹身金黄，每节直嵌翠绿一条，不假[2]人为，出自天巧也。

注释

〔1〕《黄金间碧玉竹》摘自《遵生八笺·燕闲清赏笺（下）》。

〔2〕假：借助。

译文

杭州出产黄金间碧玉竹，竹身全是金黄色的，每一节竹子之间直接嵌进一条青翠碧绿的竹节，这不是借助人为的力量，而是来自上天的灵巧。

碧玉间黄金竹[1]

杭产，竹身全绿，每节直嵌黄金一条，亦天成[2]。二竹绝妙。

注释

〔1〕《碧玉间黄金竹》摘自《遵生八笺·燕闲清赏笺（下）》。

〔2〕天成：自然生成。

译文

杭州出产碧玉间黄金竹，竹身全是碧绿的，每一节竹子之间直接嵌进一条黄金色的竹节，为自然形成。两种竹子都十分精妙。

雪竹[1]

广西产者，斑大而色红如血，有晕[2]。

注释

〔1〕《雪竹》摘自《遵生八笺·燕闲清赏笺（下）》。
〔2〕晕：太阳或月亮周围形成的光圈。

译文

广西出产的雪竹斑点大且颜色鲜红如血，有光圈。

钹竹[1]

西蜀所产，下有尺许花纹可爱，即邛竹[2]也。

注释

〔1〕《钹竹》摘自《遵生八笺·燕闲清赏笺（下）》。
〔2〕邛竹：亦称“筇竹”，产于今四川省西昌市。

译文

钹竹为西蜀出产，根下有一尺多，纹路让人喜爱，也叫“邛竹”。

棕竹[1]

广之东西咸[2]产之，叶如棕榈，畏寒，不宜于南。

注释

〔1〕《棕竹》摘自《遵生八笺·燕闲清赏笺（下）》。

〔2〕咸：都。

译文

广东、广西都出产棕竹，叶子像棕榈叶，害怕严寒，不适合在我国南方地区种植。

桃竹[1]

古姚[2]有之，似棕竹，而花纹粗、质松，色淡于棕竹。

注释

〔1〕《桃竹》摘自《遵生八笺·燕闲清赏笺（下）》。

〔2〕古姚：唐朝剑南道姚州，治今云南省姚安县。

译文

古姚有桃竹，像棕竹，但是花纹粗糙，质地疏松，颜色比棕竹淡。

〔元〕吴镇

紫竹[1]

杭产，色紫黑，可作笙箫、笛管，诸用俱可，故雅尚者多畜之。

注释

〔1〕《紫竹》摘自《遵生八笺·燕闲清赏笺（下）》。

译文

紫竹产于杭州，颜色紫黑，可以制作笙箫、笛管等，还有多种其他用途，因此追求高雅的人都喜欢种植它。

玫瑰[1]

出燕[2]中，色黄，花稍小于紫玫瑰。种紫玫瑰多不久者，缘以人溺浇之即毙，种以黑肥土，分根则茂，本肥多悴，黄亦如之。紫者干可作囊[3]，以糖霜同捣收藏，谓之玫瑰酱，各用俱可。

注释

〔1〕《玫瑰》摘自《遵生八笺·燕闲清赏笺（下）》。

〔2〕燕：泛指以北京为中心的我国北方地区。

〔3〕囊：香囊。

译文

玫瑰产自我国北方地区，黄色，花朵稍微比紫玫瑰小。紫玫瑰大多不易长久成活，用人尿浇灌就死了，用黑色肥沃土壤种植，分根就会长得茂盛，根部施肥过多会使植株憔悴，叶片发黄也是这个原因。紫玫瑰晒干可以制作香囊，和糖霜在一起捣碎后收藏储存，称为“玫瑰酱”，还有多种其他用途。

蔷薇花[1]

有大红、粉红二色，喜屏[2]结，不可太肥，脑生莠虫[3]，以煎银店中炉灰撒之，则虫尽毙。正月初剪枝长尺余扦种，花可蒸茶。

注释

〔1〕《蔷薇花》摘自《遵生八笺·燕闲清赏笺（下）》。

〔2〕屏：屏风。

〔3〕莠虫：害虫。

译文

蔷薇花有大红色和粉红色两种颜色，喜欢像屏风一样连结生长，土壤不可太肥沃，太肥会滋生害虫，将煎银店中的炉灰撒上，虫就死了。正月初剪下一尺余长的花枝进行扦插，花朵可以用来蒸茶。

宝相花[1]

花较蔷薇朵大，而千瓣塞心，有大红、粉色二种，可作竹蓬架，红绿夺目。

注释

〔1〕《宝相花》摘自《遵生八笺·燕闲清赏笺（下）》。

译文

宝相花的花朵比蔷薇花的大，而且有千片花瓣填满花心，有大红色和粉色两种颜色，可以制作竹棚架衬托，红绿相映，吸引目光。

金沙罗[1]

似蔷薇，而花单瓣，色更红艳可观。

注释

〔1〕《金沙罗》摘自《遵生八笺·燕闲清赏笺（下）》。

译文

金沙罗像蔷薇，但是花朵是单瓣，颜色更加红艳好看。

黄蔷薇[1]

色蜜花大，亦奇种也。剪条扦种，态娇韵雅，蔷薇上品，可羡。

注释

［1］《黄蔷薇》摘自《遵生八笺·燕闲清赏笺（下）》。

译文

黄蔷薇的花色像蜂蜜一样呈淡黄色，花朵大，也是珍奇品种。剪下枝条扦插种植，姿态娇媚，气韵优雅，是蔷薇中的上等品类，值得羡慕。

〔清〕华嵒

月月红

花似蔷薇，色红，瓣短，叶差小于薇。

译文

月月红的花很像蔷薇花，颜色鲜红，花瓣短，叶片稍微比蔷薇花的小。

荼蘼花

大朵，色白，千瓣而香，枝梗多刺。诗云“开到荼蘼花事尽”[1]，为当春尽时开耳。外有蜜色一种。

注释

〔1〕“开到荼蘼花事尽”：本句出自宋朝王淇《春暮游小园》。

译文

荼蘼花花朵大，颜色洁白，花朵千瓣且清香，枝梗有很多刺。诗中说“开到荼蘼花事尽”，是说荼蘼花在春天要结束的时候开放。另外还有一种开淡黄色花的品种。

木香花[1]

花开四月。木香之种有三，其最紫心白花，香馥清润，高架万条，望若香雪，其青心白木香、黄木香二种皆不及也。亦以剪条插种，不甚多活，以条枝入土中一段，壅泥伺月余，根长，自本生枝，剪断移栽可活。

注释

〔1〕《木香花》摘自《遵生八笺·燕闲清赏笺（下）》。

译文

木香花在四月开放。木香有三个品种，其中最好的是有紫色花蕊、白色花瓣的品种，清香浓郁，在高架上万条枝条垂下，远远望去好像飘香的雪花，青心白木香和黄木香都比不上这个品种。也是用剪下的枝条扦插栽种，存活率不是很高，将枝条插入土中一截，用泥土培植，等待一个多月，待根长长，长出花枝后剪断并移栽就可以成活。

月季花〔1〕

俗名月月红。凡花开后即去其蒂，勿令长大，则花随发无已。二种虽雪中亦花，有粉白色者甚奇。月季非长春，另是一种，按月发花，色相妙甚。

注释

〔1〕《月季花》摘自《遵生八笺·燕闲清赏笺（下）》。

译文

月季花俗名“月月红”。所有的月季花都要在花开之后马上去掉花蒂，不让它长大，那么花随后就会开放，不会停止。有两种月季花即便是在雪地里也开花，开粉白色花的品种也很奇特。月季不是长春花，长春花每个月开放，颜色和姿态都十分奇妙。

戎葵[1]

出自西蜀，其种类似不可晓。地肥善灌，花有五六十种，奇态，而色有红紫、白、黑紫、深浅桃红，品繁，杂色相间，花形有千瓣、有五心、有重台、有剪绒、有细瓣、有锯口、有圆瓣、有五瓣、有重瓣种种，莫可名状，但收子以多为贵。八九月间，锄地下之，至春初，删其细小茸[2]杂者，另种余留，本地不可缺肥。五月繁华，莫过于此。

注释

〔1〕《戎葵》摘自《遵生八笺·燕闲清赏笺（下）》。

〔2〕茸：草初生纤细柔软的样子。

译文

戎葵产自西蜀，它的各个品种比较相似，不太好区分。喜土地肥沃，喜浇灌，有五六十个品种，姿态奇特，花朵颜色有红紫色、白色、黑紫色、深桃红色、浅桃红色，品种繁多，各色相间，花朵形状有千瓣、有五心、有复瓣、有剪绒、有细瓣、有锯齿状、有圆瓣、有五瓣、有多瓣等等，无法一一列举，但是收获种子多的品种最为珍贵。八九月间，开垦土地种植，到初春剔除其中长得细小瘦弱的，另外种植余留的花苗，一定要施肥。五月花朵开得繁茂，没有超过这个景象的。

红蕉花[1]

种自东粤[2]来者，名美人蕉，其花开若莲而色红若丹。中心一朵，晓日甘露，其甜若蜜。即常芭蕉亦开黄花，至晚瓣中甘露如饴[3]，食之止渴。

注释

〔1〕《红蕉花》摘自《遵生八笺·燕闲清赏笺（下）》。

〔2〕东粤：自唐朝以来，简称“粤”的两广地区分为广（南）东、广（南）西两个省级区域，于是常以“粤东”“东粤”指广东，“粤西”指广西。这一共享简称的现象一直延续至清朝。现在只是指广东东部。

〔3〕饴：用麦芽制成的糖浆、糖稀。

译文

红蕉花有一种产自广东的品种，名叫“美人蕉”，花朵盛开时好比莲花，但是颜色红得像丹砂。花苞中间有一列花序，早上日出时有露水，它的甜味好像花蜜。一般平常芭蕉开黄色花，到晚上，花瓣中的甘甜的露水味似糖浆，能够解渴。

凌霄花[1]

蔓生，花黄，用以蟠[2]绣大石，似亦可观。花能堕胎。

注释

〔1〕《凌霄花》摘自《遵生八笺·燕闲清赏笺（下）》。
〔2〕蟠：屈曲，环绕，盘伏。

译文

凌霄花是藤蔓植物，蔓延生长，花朵黄色，用它环绕装饰大石头，好像还挺值得观赏。花朵能致女子堕胎。

秋牡丹[1]

草本，遍地延蔓，叶肖牡丹，花开浅紫，黄心，根生分种。

注释

〔1〕《秋牡丹》摘自《遵生八笺·燕闲清赏笺（下）》。

译文

秋牡丹是草本植物，遍地蔓延生长，叶子很像牡丹的叶子，开浅紫色花，花心黄色，生根以后分根种植。

缠枝牡丹[1]

柔枝倚附而生，花有牡丹态度，甚小，其色有红白二种，叶尖，缠附小屏。花开烂然，亦有雅趣，但开不久为恨，根串难绝，最易生。

注释

〔1〕《缠枝牡丹》摘自《遵生八笺·燕闲清赏笺（下）》。

译文

柔软的枝条倚靠依附生长，花朵很小，有牡丹花的仪态风度，颜色有红色和白色两种，叶子尖尖的，缠绕依附着小屏风。花朵开放得光彩耀眼，也很有高雅意趣，但遗憾的是开放时间不长，而且根部串结很难杜绝，最容易生长。

〔清〕恽寿平

萱花[1]

有三种，单瓣者可食，千瓣者食之杀人，惟色如蜜者香清，叶嫩可充高斋[2]清供，又可作蔬食之，不可不多种也。且春可食苗，夏可食花，比他更多二事。

注释

〔1〕《萱花》摘自《遵生八笺·燕闲清赏笺（下）》。

〔2〕高斋：高雅的书斋。常用作对他人屋舍的敬称。

译文

萱花有三种，单瓣的可以食用，千瓣的吃了会致人死亡，只有颜色像蜂蜜一般呈浅黄色的品种香气清幽，叶子鲜嫩，可以摆在高雅的书斋中赏玩，也可以当作蔬菜食用，一定要多多栽种。而且春天的时候可以食用花苗，夏天的时候可以品尝花朵，比其他的花卉多两种用处。

史君子花[1]

花如海棠，柔条可爱。夏开一簇，葩艳轻盈，作架植之，蔓延若锦。

注释

〔1〕《史君子花》摘自《遵生八笺·燕闲清赏笺（下）》。

译文

史君子花的花朵像海棠，柔软的枝条令人喜爱。夏天盛开一丛，花朵娇艳轻盈，搭架子种植，蔓延生长得好似有彩色花纹的丝织品。

枳壳花[1]

花细而香，闻之破郁结[2]，篱傍种之。实可入药。

注释

〔1〕《枳壳花》摘自《遵生八笺·燕闲清赏笺（下）》。
〔2〕郁结：指忧思烦闷，纠结不解。

译文

枳壳花的花朵小而香，闻花香能够消解忧思，可在篱笆旁种植。它的果实可以入药。

葡萄

重阴避暑，子甘可食。二三月间，截取藤枝，将两头插萝卜内，埋肥地，待蔓长引上架，根边以煮肉汁或粪水浇之。待结子架上，剪去繁叶，则子得承雨露肥大。冬月取藤，稻草护之，宜栽枣树边。春间，钻枣树作一窍，引藤窍中过，候葡萄枝长塞满窍，砍去葡萄根。托枣以生，其实如枣。

译文

葡萄生长后形成浓荫，可以用来避暑，果实甜美可食用。二三月时，截断并选取葡萄藤枝，将两头插在萝卜中，掩埋在肥沃的土里，等到藤蔓长长后牵引到架子上，用煮肉汁或者粪水在根旁浇灌。等到架子上结满果实就剪去繁多的枝叶，那么果实就可以受到雨水、露水的滋润，从而长得又肥又大。十一月时截取藤蔓，用稻草保护，最好种植在枣树旁边。春天在枣树上钻一个孔，牵引葡萄藤穿过，等到葡萄枝长大填满这个孔时，砍去葡萄根。依托枣树生长，它的果实就像枣子。

地珊瑚[1]

产凤阳[2]诸郡中，藤本，其子红亮，克[3]肖珊瑚，状若笔尖下悬，不畏霜雪，初青后红。收子可种。又名海疯藤子，未详。

注释

〔1〕《地珊瑚》摘自《遵生八笺·燕闲清赏笺（下）》。

〔2〕凤阳：古称“钟离”“濠州”，今属安徽省。

〔3〕克：能够。

译文

地珊瑚出产于安徽凤阳等县，藤本植物，它的果实颜色光亮鲜红，好似珊瑚，悬垂的样子好像笔尖向下，不怕霜雪。开始时呈青色，然后变红色，收获种子可以栽种。又名“海疯藤子”，其他情况不清楚。

〔清〕恽寿平

茅藤果[1]

藤本，亦可移植盆中，结缚成盖。其子红甚，柔挂累累，甚可人目。

注释

〔1〕《茅藤果》摘自《遵生八笺·燕闲清赏笺（下）》。

译文

茅藤果是藤本植物，也可以移植在花盆里，纠结缠绕成盖状。它的果实颜色很红，柔软的枝条成串地垂挂，看着让人舒服。

雪下红[1]

一种藤本，生子类珠，大若芡实[2]，色红如日，粲[3]下垂，积雪盈颗，似更有致，故名。

注释

〔1〕《雪下红》摘自《遵生八笺·燕闲清赏笺（下）》。

〔2〕芡实：中药名。

〔3〕粲：鲜明。

译文

雪下红是一种藤本植物，结出的果实像珍珠，大小像芡实，颜色鲜红像灿烂的太阳，枝条下垂，积雪挂满枝头，更加有情趣，因此得名。

藏经花

花开五千四十八朵，叶细碎而香。花初开若紫黑，似倭缎[1]剪成，久则变为金黄，寸长即花。高二三尺，用栏扶，花开夏秋不绝。子种，喜肥。

注释

〔1〕倭缎：日本出产的一种缎子。

译文

藏经花花开有五千零四十八朵，叶子细小零碎但是有清香。花朵初开时呈紫黑色，好像倭缎剪裁形成的，时间久了就会变成金黄色，花苞长至一寸长就会开花。植株高两三尺，用栏杆将其扶正，夏季和秋季花开不断。播种繁殖，喜肥。

芭蕉

叶高四五尺，绿润可爱。好事者每以朱书诗句于其上，字随叶大亦有趣，结甘露食之甜美。根苗分种。

译文

芭蕉叶高四五尺，翠绿润泽，让人喜爱。好事的人每次都用红笔在芭蕉叶上写诗句，字随着芭蕉叶长大而变大也很有意思，收集露水品尝，甘甜可口。分株种植。

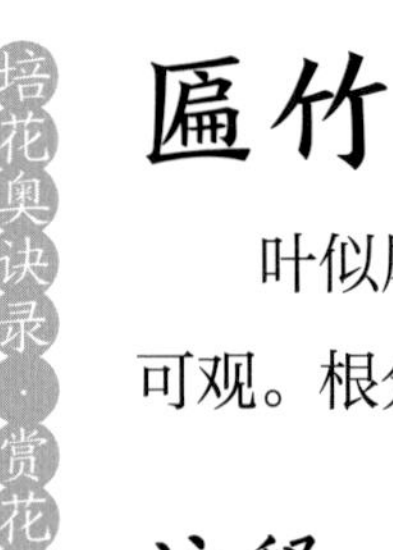

匾竹

叶似屠猪刀状，排扁若竹，花开紫灰色，蛱蝶[1]者可观。根分栽种。

注释

〔1〕蛱蝶：蝴蝶。

译文

匾竹叶子像屠猪刀的形状，排扁像竹子，开紫灰色花朵，蝴蝶被吸引来的景象值得欣赏。分株栽种。

吉祥草

四季青翠，性喜水，花紫不易开，开主吉祥，妇人临产时，放一盆可以催生。

译文

吉祥草四季鲜绿，本性喜水，紫色花朵不易开放，盛开预示着吉祥，妇女生孩子时放一盆吉祥草在旁边可以帮助生产。

似兰花

叶长青，花开于秋夏，紫粉色最耐久，栽大怪石下，可玩。

译文

似兰花叶常绿，花朵一般在夏、秋两季开放，紫粉色花朵开得非常久，栽种在巨大的奇石下，值得玩赏。

狮头草

叶细长，仅寸许，四季青翠，冬益光润，结子深绿，隐隐草中可爱。又名麦冬草，宜栽台沿篱下最佳，分种，喜阴。

译文

狮头草叶子呈细长状，只有一寸多长，四季常绿，冬季更加光鲜润泽，结出的种子呈深绿色，在草丛里隐约露出，让人喜爱。又名“麦冬草”，最好栽在台阶边、篱笆下，分根后栽种，喜欢阴凉环境。

接剥大要

“老干捋[1]来伐去稍，从新接起嫩枝条”，麻缠叶护泥帮助，吩咐儿童莫去摇。凡花果以接剥为妙，尺许小树，一年便可开花结果。昔人以之比螟子[2]者，取其速肖之义也。凡接枝条必择其美，宜用宿条向阳者，气壮而易茂，嫩条背阴者，柔弱而难成。根株各从[3]其类，梅可接杏，桃可接李，诸花木凡肖者俱可接换。接换之妙，惟在时之暄融，既得阳和[4]之气，手之审密，又藉人为之巧，对系之同，接培之厚，使不致于疏浅而寒凝。又必趁时，春分前十日为上，后五日为中，或取其条，衬青为期，则各地方气候远近皆可准也。接工用细凿锯一连，厚脊利刃小刀二把，要当心手悬稳，不致摇动根本，十接十活，美妙不胜。言其接法有六。一曰身接，先用锯截去元树枝茬作盘砧，高可及肩，以利刃小刀际其盘之两旁，微起小罅隙半寸，先用竹签之测其浅深，即以所接条，约五寸长，一头削作小篦子[5]，先噙口中假精溢以助其气，即纳之罅中，皮肉相对插之讫[6]，用树皮对系，桑皮谷皮之类宽紧得所，用牛粪和泥斟酌拥包，勿令透风外，仍上留一眼以泄其气。二曰眼接，以锯截断原树，去地五寸许，以所接条削皮插之，亦如身接法，就以土培对之，以棘围护之。三曰皮接，用小利刃于原树身八字斜刺之，不可伤骨，以小竹签测其深浅，所接枝条皮肉相向插之，封护如前，候接枝发茂，斩去其原树茬，使所接枝茬条达。四曰枝接，如皮接之法，而差远之耳，亦不可伤骨。五曰压接，小树为宜，先于原树横枝上截了，留一尺许于所取接条树上眼外方半方，刀尖刻断皮肉至骨，用手旋揭皮肉一方片，须带芽心揭下，口噙少时取出，印湿痕于横枝上，以刀尖依痕刻断，原树压处大小如之以接之，上下两头以树皮对系紧慢，仍用牛粪泥涂护之，随树大小酌量多少接之。六曰搭接，将已种出芽条，去地三寸许上削作马耳〔7〕，将所接条并削马耳相搭接之，对系，粪拥，如前法。夫花木原多娇艳，又加接剥，愈出愈奇，人可不知哉？诸花果俱可互相接剥，惟桃本接诸花果易活。

注释

〔1〕捋：用手指顺着抹过去，整理。

〔2〕螟子：螟蛉，绿色小虫。

〔3〕从：采取，按照。

〔4〕阳和：春天的暖气。《史记·秦始皇本纪》：“维二十九年，时在中春，阳和方起。”

〔5〕篦子：用竹子制成的梳头用具，中间有梁，两侧有密齿。

〔6〕讫：通“迄”，到，至。

〔7〕马耳：马的耳朵，这里是指形状像马耳。

译文

“老干捋来伐去稍，从新接起嫩枝条”，鲜嫩枝条用麻线缠缚，叶子用泥保护支撑，告诉小孩子不要摇晃。所有的花果用嫁接的方法最好，一尺多的小树，一年时间就可以开花结果。古人将其与螟子相比，取它们在生长速度上相似的含义。所有嫁接的枝条一定要选择其中好的，最好用朝向太阳的旧枝条，生长茁壮且容易繁茂，柔嫩枝条背对阳光的柔软细弱，难以成活。植株各自按照它们的类别嫁接，梅花可以嫁接杏花，桃花可以嫁接李花，各种花木只要是相似的都可以嫁接。嫁接的要点就是要与时节、气温融合，亲手检查疏密，既得到温暖气候的“天时”，又借助人力精巧的“人和”，对接系缚的同时嫁接栽培，用心照顾使之不至于疏松贫瘠且寒气聚集。一定要抽时间完成嫁接，最好在春分前十天，后五天其次，或者选择枝条开始发青时，那么各个地方的气候早晚就都可以保证准确。嫁接工具采用细口凿锯一把，厚脊背的锋利小刀两把，要小心不要手抖，保持稳定，不摇晃触动树根，十次接种十次成活，非常美妙。据说有六种嫁接方法。第一种是身接法，先用锯子截掉原树的枝杈当作砧木，高度达到肩膀，用锋利的小刀在它的盘口两边轻轻地挖一个半寸小口子，先用竹签测深浅，嫁接约五寸长的枝条，其中一头削成密梳状，先含在口里，用唾液帮助它恢复元气，然后放在小细口中，皮和肉相对着插进去，将树皮衔接紧密，用桑树皮、谷皮等宽松地捆绑，用牛粪混合泥土尝试着围包，除了不要透风进去，在上面保留一个小孔来漏气。第二种是眼接法，用锯子在距离土地五寸长的地方砍断原树，将要嫁接的枝条削去树皮插进去，也像身接法一样用土培植密封，用荆棘包围保护。第三种是皮接法，用锋利的小刀在原树干上呈“八”字形斜着刺破，不能伤害主干，用小竹签测深浅，嫁接枝条的皮和肉相对地插进去，像前面一样封闭保护，等到嫁接枝条生长茂盛，砍掉原来的枝杈，这样嫁接枝条会更茂盛。第四种是枝接法，像皮接法，差别很小，也不会伤到主干。第五种是压接法，小树最适合这种方法，先在原树枝上截取，保留一尺多在嫁接树枝条上空外方半方，呈刀尖状削刻树皮肉直到主干，用手旋转揭去一块皮肉，必须带着芽心揭下来，用口含住一会儿，取出来，在树枝上印下痕迹，用刀尖沿着痕迹削刻砍断原树，压处大小像这样嫁接，上下两头用树皮密封系紧，稍后仍旧用泥牛粪涂抹保护，依据树的大小计算牛粪的多少。第六种是搭接法，将已经种植发芽的枝条在距离地面三寸多的地方削一个马耳状切面，将要嫁接的枝条和马耳状切面彼此搭架对接，密封系紧，像前面一样用粪培壅。花木本来就很娇艳柔弱，再加上嫁接剥削，越长越奇妙，人们怎么可以不知道呢？各种花木都可以互相嫁接，只有桃树嫁接各种花果都容易成活。

扦插

杨柳、迎春、蔷薇、木香、石榴、栀子（宜三四月雨多时）、木槿，以上各花俱可扦插，必于枝分了处折一马蹄，先以坚木尖削，于肥地插一深孔，然后以马蹄枝送入筑实。其地务要肥湿，阴日均适，首以得风日为要紧，俱要在春至前。葡萄必以萝卜插两头埋土内，以中段藤枝凸土外，自然发芽长成上架，亦须在正二月适北，则非要□□□□□□□□□压土内，枝藤长有大指粗，下必出根，断纷靡者，一截即活，当年结子。

译文

杨柳、迎春、蔷薇、木香、石榴、栀子（最好在三月、四月雨水丰沛时栽种）、木樨都可以扦插繁殖，一定要在花枝分叉的地方折断使断面呈马蹄状，先将坚硬的木棍削尖，在肥沃的土地上插一个深深的孔洞，这样之后，将有马蹄状断面的树枝插进去压紧。这里注意扦插的地方一定要肥沃湿润，阴天和晴天都可进行，首要是能够通风，在春天到来之前完成。葡萄一定要用萝卜扦插两头，将中段葡萄藤枝凸起处露在土外，就会顺其自然地发芽长长并爬上支架，也必须在正月、二月□□□□□□□□□压土内，枝藤长到大拇指粗，下面一定会长出根须，斩断混乱的根须，栽种就会成活，当年就会结出果实。

布种

胡桃、白果、桃、李、梅、杏，俱可核种，惟宜肥湿松土，以核尖朝下，或横卧以脊缝朝上下宜妙，但须正月望[1]前半月种者多食，忌西风并火日[2]、鸡爬，不然则枉费心机矣。

注释

〔1〕正月望：指农历正月十五日。

〔2〕火日：太阳。

译文

胡桃、白果、桃、李、梅、杏，都可以用果核栽种，只是最好在肥沃、湿润、疏松的土壤里，将果核尖朝下，或者横躺着将果核脊背缝朝上或朝下均可，只是必须在正月十五日前半个月种植，这样果实多，不要吹西风、晒太阳、让鸡乱抓爬，不然就会白费心思。

移栽

诸般花果俱可移，亦不拘月分，盖时令发生岁数寒热早晚不同，但取各树根将发芽之际移栽，无有不活。惟移竹无奇，遇雨就移，五月十三为竹醉，更宜移栽。但木樨一树与各树不同，此种发芽太早，防有严霜，若栽移后遇霜即毙，必使枝老硬，大可移至六七月。谋得一奇花，恐久难，待移时必宽深挖土，不令花知，栽后遮阴，见露自然生活。

译文

各种花果都可以移栽，也不受时间限制，大概因为不同季节、时令的冷热、早晚都不相同，只要选择在各种树木根须将要长出的时间移栽，就会成活。移栽竹子没有特殊的地方，遇到下雨就可以移栽，五月十三日为竹醉日，更加适合移栽。只有木樨一种和别的树木不同，这种树木发芽很早，要提防严酷的霜冻，如果移栽后遇到霜降就会死，那么一定得等到枝条又老又硬才行，大可以等到六七月再移栽。找到了一种奇特的花木，担心很难持久，等到移栽时一定要把坑挖得又深又宽，不要让花感知到被移栽。移栽之后遮阴，透见露气，自然生长成活。

截取

□□□□和繁枝或近根处用刀刺断一半，就中高上擘[1]开一二寸许，次以薄砖瓦或木片便□□□擘挺，用肥土壅培，旱则水浇，一得云雨，根须外露。即浇剖处，半边分下栽培自活，或于高枝上半节中亦可，如前法擘割，但以楠竹筒擘分两瓣合缚，割处以肥土筑实浇灌，无容干旱，一至霉雨[2]，自然根须出露，方截移下地，栽植无有不活。霉天在芒种[3]日后，逢丙[4]为立霉[5]，闽人[6]又以芒种逢壬为立霉，前半月为霉，后半月为三时霉天。又云芒种逢丙入小暑，逢未出立霉日有雨，便可移所截花木下地。若截桃花，先将枝从盆眼穿上，用肥土筑实，常浇以水。霉雨时根须出即斩断，用泥塞眼，所结桃实依然盆中。小树结果，貌堪赏爱。

注释

〔1〕擘：同“掰”，分开，剖裂。

〔2〕霉雨：即梅雨。

〔3〕芒种：二十四节气之一，在每年6月5日、6日或7日，农历二十四节气中的第9个节气，夏季的第3个节气，表示仲夏时节的正式开始。芒种字面的意思是“有芒的麦子快收，有芒的稻子可种”。《月令七十二侯集解》：“五月节，谓有芒之种谷可稼种矣。”此时中国长江中下游地区将进入多雨的黄梅时节。

〔4〕丙：为天干的第三位，与地支相配，用以纪年、月、日。下文“壬”同。

〔5〕立霉：明朝徐光启《农政全书》卷十一有“芒种逢壬是立霉”的说法。

〔6〕闽人：福建人。闽，福建的简称。

译文

□□□□和繁盛的枝条或者接近根须的地方用刀刺断一半，在靠近中高处掰开一两寸，再用薄薄的砖瓦或者木片□□□上剖挺直，用肥沃的土填实培植，干的时候浇一次水，只要遇到雨天根须就会露出。浇灌剖开的地方，将半边分开栽培种植自然成活，或者从高处树枝上半部的中部截取也可以，按照前面的方法剖开切割，用楠竹筒子剖开两瓣再围合捆绑，将根须露出来才截断，移植到地下栽培，都会成活。梅雨天在芒种后，逢丙日称为“立霉”，福建人又将芒种后逢壬日当作“立霉”，前半个月是霉，后半个月是三时霉天。还有一种说法是芒种日逢丙日进入小暑，逢未日出小暑，立霉日当天有雨就可以移栽，截断花木栽入地中，如果截断桃花就先将枝条从底下盆眼往上穿，用肥沃的土壤筑实，经常浇水。梅雨时，根须只要长出就斩断，用泥塞住盆眼，结出的桃果依然落在盆中。小树结果的样子值得观赏。

骟嫁[1]

元旦五更以刀脊驳杂[2]砍诸果树，谓之嫁树，则实繁而不落。嫁李树以石头安丫中，石榴不实亦如之，或以砖石堆于根，更以长竿打树稍，则结子甚繁。桃树三年结实，五年茂盛，七年衰，十年死。至第六年用刀划树皮，直长处四五条，其树多结子亦不易衰，且多活五年，盖树皮紧束不得长故也。亦宜删去老皮，令发嫩条则重结矣。正月诸果未芽之时，于根旁宽深掘开，寻钻心钉地根凿去，谓之骟树。四边乱根勿动，仍用土盆筑实，则结子大。春前诸果树宜削去低小乱枝，免其分树气力，则结子亦肥大。

注释

〔1〕骟（shàn）嫁：嫁树法，中国古代发明的果树环剥和纵刻技术。骟，此处指砍去树枝，用截去主根的方法培植果树。

〔2〕驳杂：随意。

译文

元旦五更时用刀背随意砍果树，叫作“嫁树”，嫁树会让树结果多且果实不落。嫁李树时将石头安放在树丫之间，石榴不结果也按照这个办法处理，或者将砖块石头堆在树根处，再用长竿子击打树梢，那么结果就会很多。桃树一般三年结果，五年茂密繁盛，七年就会衰败，十年就死了。在第六年时，用刀刻划果树皮，划四五条直长的划痕即可，那样树就会多结果且不容易衰败，并且能够多活五年，大概是树皮紧紧缠缚不能生长的缘故。也应该去掉老的树皮，让它长出嫩枝条就会重新结出果实了。正月各种果树没有发芽的时候，将树根旁边深深掘开，寻找钻心钉地的根须，斩断挖去，这就叫“骟树”。四周的乱根不要动，仍然用土盆筑实，那么结的果实就会又肥又大。立春前各种果树应该削去低小的纷乱枝条，避免它们瓜分树木的营养，那么结出的果实也会又肥又大。

除虫

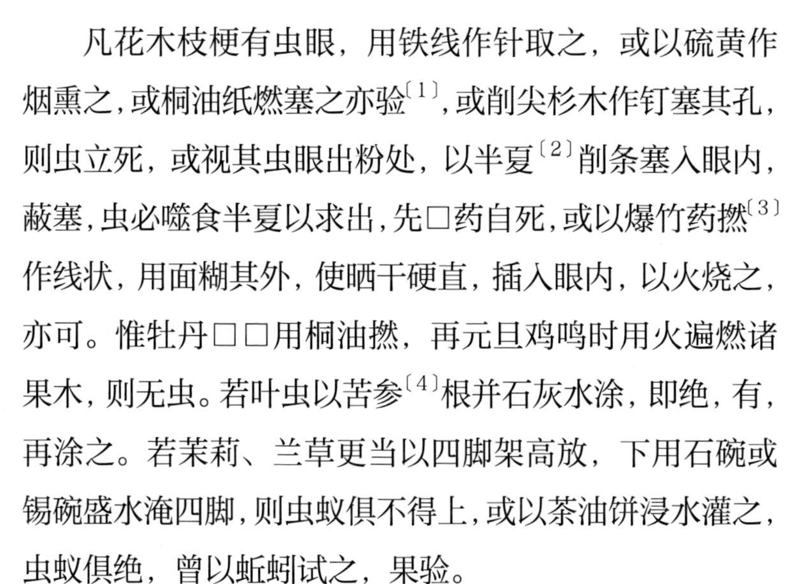

凡花木枝梗有虫眼，用铁线作针取之，或以硫黄作烟熏之，或桐油纸燃塞之亦验[1]，或削尖杉木作钉塞其孔，则虫立死，或视其虫眼出粉处，以半夏[2]削条塞入眼内，蔽塞，虫必噬食半夏以求出，先□药自死，或以爆竹药撚[3]作线状，用面糊其外，使晒干硬直，插入眼内，以火烧之，亦可。惟牡丹□□用桐油撚，再元旦鸡鸣时用火遍燃诸果木，则无虫。若叶虫以苦参[4]根并石灰水涂，即绝，有，再涂之。若茉莉、兰草更当以四脚架高放，下用石碗或锡碗盛水淹四脚，则虫蚁俱不得上，或以茶油饼浸水灌之，虫蚁俱绝，曾以蚯蚓试之，果验。

注释

〔1〕验：效果，有效果。

〔2〕半夏：药草名。多年生草本植物，叶子有长柄，初夏开黄绿色花。地下有白色小块茎，可入药。生用有毒，内服须限用。《礼记·月令》：“〔仲夏之月〕鹿角解，蝉始鸣，半夏生，木堇荣。”郑玄注：“半夏，药草。”

〔3〕撚（niǎn）：通“捻”，指搓的动作或用线、纸等搓成的条状物。

〔4〕苦参：草名。又名“白茎”“地骨”等。根茎苦，可入药。

译文

凡是花木枝条有虫眼就把铁线当作针扎取它，或者烧硫黄烟熏它们，或者点燃桐油纸塞进洞中也会有效果，或者削尖杉木做成钉子塞进它的洞孔中，那么虫子立刻就死了，或者在虫眼出粉的地方，将半夏枝削成条状塞进虫眼里堵住，虫子贪吃半夏谋求出路，□□药自然就死了，或者将爆竹粉搓成药捻，用面粉糊在外面，待其晒干变硬后直接插入虫眼里，用火燃烧也是可以的。只有牡丹□□用桐油捻子，第二年元旦鸡鸣时用火熏烧一遍各种果木，那么就没有虫。如果是叶虫，就用苦参根混合石灰水涂抹就可杜绝，再长叶虫就再涂。如果是茉莉、兰草应该用四脚架架高放置，底下用石碗或者锡碗盛满水淹没四脚，那么虫蚁就都不能爬上去，或者用茶油饼浸泡后的水浇灌它们，虫蚁就都杜绝了，曾经用蚯蚓尝试过，果然有效果。

蔽日

凡大花树宜阴者，须先择地栽植，惟盆景土薄气微，不能胜酷日典[1]，新扦发条各花木，二经酷日必死。务搭一篷，高三尺许，上用小麦柴均铺一层，使日色无侵，四边要宽敞透风，雨露可及。仍每早以水洒架上，令滴及花木，自然茂盛，或以布作蓬架，夜卷更妙。

注释

〔1〕典：通“殄”，危害。

译文

所有喜阴凉环境的大型花木，都必须先择地栽植，只有盆栽的土壤稀薄元气微弱，不能承受酷烈阳光的残害，新扦插生出的花木枝条暴晒两次就会死。一定要搭一个篷子，高三尺多，上面均匀地铺一层麦秸秆，让阳光不能侵扰，四周要宽敞透风，雨水露水都可以滋润。每天早上仍将水洒在篷架上使其滴在花木上，花木自然就会繁茂丰盛，或者用布作篷架，夜晚卷起来，效果更好。

御寒

凡诸花果开时遭寒则花不茂、果不成，必预备乱杂腐草干于园内，如天雨初晴，北风寒切[1]，是夜必有浓霜，则放火作烬少出烟气，即拒其霜，则花果不受损矣。若茉莉、建兰八月后即抬收空房内，必其窗户向南，庶晴暖时以便开窗迎日，润水切不可多，恐夜寒，一冰辄损。至于盆景，朝出日晒，晚收暖房，若遇浓霜，不妨中用小炉烧一炭圆入内，以诸盆花围之亦可，且花开更速。

注释

〔1〕寒切：降温迅速，非常寒冷。

译文

植物开花结果时遭遇寒冷就会花开得不茂盛、不结果实，一定要预先在园里准备好杂草、腐草，如果雨后刚刚晴朗，北风突然非常寒冷，那么这天晚上一定有浓厚的霜，点火烧灰，稍微冒出点儿烟气就能抵御霜冻，使花果都不受到损害。如果是茉莉和建兰，八月后就要置于空房子里，房屋的窗户一定要朝南，等到晴天温暖的时候方便开窗接受光照，浇水一定不能过多，担心夜晚寒冷，水变成冰就会损伤花木。至于盆景，早上搬出去晒太阳，晚上收回温暖的房间，如果遇到特别寒冷的时候最好用小火炉烧炭放入室内，用花盆围住它，这样花开放得更加迅速。

浇粪

诸花木芽时下便行根，此际不宜浇粪水，如嫩条长成，生花头[1]时才可浇水粪，切忌浓粪，若花开时又不可浇粪，遇旱只早晚浇清水，如已结实浇粪则落，大则无妨。

注释

〔1〕花头：花朵。

译文

各种花木发芽的时候下面就会长根，这个时候不适合浇粪水，等鲜嫩枝条长大成型、长出花朵的时候才可以浇粪水，一定不要浇浓粪水，如果已经开花则不能浇粪水，遇到干旱只能早晚浇清水，如果已经结出果实再浇灌粪水那么果实就会掉落，但如果果实已经长大就无碍。

盆景

盆花以几桌[1]可置者为□，□□□□□□□□□□右者为奇，出自天然者少，□□□□□□□□□，未免以爱而害之也。他□□□□□□□□□□调，不致伤命，若盆景全要识其□□，□□□□□宜。倘有差误，便费调护矣，如□□□□□□□□以日，则立毙，松桂宜山土□护，以□纱藏，□□□生遂。石榴树日浇则花受□，以诸卉出之□□□杀。蒲草虽利水，若冬不□收，灌浇以时必坏，□□而损于水。总之，夏宁不日，盖喜阴者见日死，而未有爱日者为阴而毙也。冬宁不水，盖喜湿者被水必冻，未有爱燥者无水而死也。此亦不讲花性，从爱一法耳，惟是炎日□□，□风解暑，细雨润根，厚露护蕊，花草际此，如梦始醒，而病始苏，饿得食而渴得饮，亟宜移盆。□□未有□格□□，而神彩不□者也。若夫严霜凛冽，能了能□，狂风不止，涩雨无度，花草遇之，如人遭兵火，惟恐避之不及也。岂人不知移避？见其叶落枝枯而云“花性原不耐久”，不亦冤乎？且俗客见必搓捻，痴见喜从攀折，与醉呕熏蒸，香烛触燎，土干不浇，藤草不芟，虫食不治，蛛网不剔，鸟啄不驱，此皆人事之不修而花神之不幸也。至于花木失调、脱叶欲死者，若询源救护，犹可复生，奈痴疑人每每抉枝爬皮以验，竟至断丧而后已。甚有既湿而复水，已肥而又粪，自谓培养用心竭力，不知花已伤刑中毒，根渐腐，叶渐黄，而死将至矣。即易有之物戕生亦干天和〔2〕，况奇花异木一失难再，遗恨可胜言哉？是调治之方，嗜花者不可不深知而熟习也。倘见方不依，率凭己意致伤花命，当以庸医杀人之条加等罪之，犹有余恨焉。

注释

〔1〕几桌：条几，条案。

〔2〕天和：自然和顺之理；天地之和气。

译文

盆花以几桌可置者为□，□□□□□□□□□□右者为奇，出自天然的少，□□□□□□□□□□，避免以爱的名义而害了它。他□□□□□□□□□□□□调，不致伤命，若盆景全要识其□□，□□□□□为宜。倘若有差误，便费力调护，如□□□□□□□□□□以日，则立刻死掉，松桂适合用山土□护，以□纱藏，□□□生遂。每天浇石榴树则花受□，以诸卉出之□□□杀。蒲草虽利水，若冬天不□收，灌浇以时必坏，□□而损于水。总的来说，有些植物夏天宁可接受太阳照射，因为喜阴的植物见到太阳一定会死，但是没有听说过喜阳的植物在阳光下会凋零的。有些植物冬天宁可不浇水，因为喜欢湿润环境的植物浇水后一定容易冻死，但没有哪个喜欢干燥的植物没有水就会死的。这是遵循了花草的本性，也是爱护花草的一种方式。只是炎热的太阳□□，□风解暑，细雨滋润花根，露水保护花蕊，植物在这种情况下就好像大梦初醒、大病初愈，饥饿的得到食物，口渴的得到饮水，此时最适合移栽至花盆。□□没有□格□□，而神采不□者也。至于严霜凛冽，能了能□，狂风不止，连日阴雨，花草遭遇这一切，就像人遇到战争，躲避都来不及。难道人不知道转移躲避吗？看见树叶落下、枝条枯萎就说："花本就不能长久开放。"那花草们岂不是很冤枉？更何况庸俗的人看见它们就揉搓捻摸，痴迷花草的人看见就高兴地跟着摘折，还有醉酒呕吐、烟熏火蒸、香烛触碰燎到、土壤干燥不浇水、藤草缠绕不除去、病虫蚕食不治疗、蜘蛛结网不剔除、飞鸟啄食不驱赶，这都是人的不作为、花卉的不幸。那些没有得到适当调养、叶子掉落快死了的花木，在追查到病因后，都是可以恢复生机的，奈何怀疑的人每次都要劈开树枝分开树皮来检验，竟然直到将花木折腾到死亡才停止。更有甚者，对已经够湿润的土壤还浇水灌溉，对已经肥沃的土地还要浇粪水，还说自己培植养护花木费尽心力，却不知道花木已经受伤，根已经渐渐腐烂，叶子也逐渐发黄，离死亡已经不远了。既是伤害易得之物的性命，也是伤了天地之和气的，更何况是珍奇的花木，一旦失去很难再次拥有，遗憾怎能言尽？这些调养治疗的方法，痴爱花木的人一定要深入了解并仔细学习。如果知道方法还不依从，一概按照自己的想法处理，导致伤害了花木的性命，应当按照庸医伤人性命的法条对他们判处同样的罪名，这都不够解恨。

天目松

此松生质最古雅，为盆树之第一，惟浙之杭城有之。高可盈尺，其本如臂，针毛短簇，结为马远[1]之欹斜诘曲，郭熙[2]之露顶攫拿[3]，刘松年[4]之偃亚[5]层叠，盛子昭[6]之施拽轩翥[7]等状，栽以佳器，槎牙[8]可观，他树蟠结无出此制。更有松本一根二梗三梗者，或栽三五窠结为山林，排匝[9]高下参差，更多幽趣。林下安置透漏窈窕[10]昆石、应石、燕石、腊石、将药石、灵璧石、石笋，安放得体，时对独本者，若坐冈陵之巅

〔清〕恽寿平

与孤松盘桓，对双本者似入松林深处，令人六月忘暑。[11]但有此，必本地重价买玩，不得外来。今之贩卖者皆南都、苏、松[12]，福之浦城等处松种，亦矮小可观，然易蕃野，务必择其枝多盘结下垂者，培之日必上生少加攀扎，犹不失度，宜栽以黄沙土。性喜阳恶湿，又怕干，暑天安置阴凉受露处方可。

注释

〔1〕马远：生于1140年，卒于1225年，字遥父，号钦山，祖籍河中（今山西省永济市），生长在临安（今浙江省杭州市），南宋画家。擅画山水、人物、花鸟。

〔2〕郭熙：生于约1000年，卒于约1090年，字淳夫，河阳温县（今河南省孟州市）人，北宋画家、绘画理论家。

〔3〕攫拿：张牙舞爪的样子。

〔4〕刘松年：生于约1131年，卒于1218年，浙江金华汤溪人，南宋孝宗、光宗、宁宗三朝的宫廷画家。

〔5〕偃亚：覆压下垂的样子。

〔6〕盛子昭：盛懋，生卒年未详，字子昭，临安（今浙江省杭州市）人，元代画家。

〔7〕轩翥（zhù）：飞举的样子。

〔8〕槎（chá）牙：亦作“槎枒”，指树木枝杈歧出的样子，亦指错杂不齐的山石、树木等物。

〔9〕匝：周，绕一圈。

〔10〕窈窕：（宫室、山水）幽深的样子。

〔11〕此松生质最古雅，……令人六月忘暑：摘自《遵生八笺·起居安乐笺（上）》。

〔12〕南都、苏、松：南都，今江苏省南京市；苏，今江苏省苏州市；松，松江，今上海市。

译文

这种松树天生古朴雅致，是盆景树中的第一，仅浙江杭州出产。它的株高可达一尺多，根像手臂一样粗，松针毛短成丛，结成马远画中的弯曲歪斜诘曲，郭熙画中的露顶攫拿，刘松年画中的偃亚层叠，盛子昭画中的施拽飞举，用上好的容器栽培，山石树木错杂不齐的样子值得观赏，其他树木盘曲缠绕都没有达到这种程度。还有一种有一条主根、两三个枝干的松树，有时栽种三五株像巢穴样缠结成山林，排列环绕高低参差，有更多幽深趣味。树林下面放置若隐若现的幽深昆石、应石、燕石、腊石、将药石、灵璧石、石笋。若安放适宜，对着单独的一株，就好像坐在冈陵的巅峰和孤松盘旋，对着成双的松根就想象进入松林深处，让人在六月忘记酷暑，只是一定是本地高价买的，不可能是外来引进的。如今的贩卖生意人，卖的都是南京、苏州、松江，福建之浦城等地方的松树品种，也都是个头矮小可以观赏，然而容易蔓延纵横，一定要选择那些枝干盘曲缠绕、自然下垂的培育，一天天往上长，稍微加以攀附捆扎还不失去自然风韵，最好用黄沙土栽培。本性喜欢阳光讨厌湿润，又害怕干旱，夏天的时候放置在阴凉接受露水的地方就可以。

石梅

种乃天生，形质如石燕[1]、石斛[2]之类。石本发枝含花吐叶，历世不败。中有美者，奇怪莫状，栽以沙土，灌溉以时，自然茂盛。此可与之天目松为配，更以福之水竹副之，可充几上三友。

注释

〔1〕石燕：鸟名。似蝙蝠，产于石窟树穴中。

〔2〕石斛：多年生草本植物。茎多节，呈绿褐色，开白花，花瓣的顶端呈淡紫色。茎可入药。

译文

石梅品种是天然生成的，外形特质像石燕、石斛。石梅长出枝条，孕育产生花朵枝叶，经历数年不会凋谢。这其中很美的石梅，奇怪的形态无法描述，用沙土栽培，按照特定的时间浇水灌溉，自然就长得繁茂丰盛。可以和天目松相配对，更可以用产自福建的水竹衬托它们，就能充当几桌上的“三友”了。

水竹

产福建，高五六寸许，极则盈尺。细叶、老干，潇疏[1]可人。盆上数竿，便生渭川[2]之想，亦盆景中雅致者也。但笋长四五寸时，即将顶尖剥开，则不长，而干转紫叶翠。性喜暖，恶冻，冬必收之檐内，夏必勤灌以水，沙泥种之为宜。

注释

〔1〕潇疏：寥落，凄凉。

〔2〕渭川：即渭河，古称“渭水”，亦泛指渭河流域。王维有诗《渭川田家》，表达了隐居的念头。

译文

水竹产自福建，高度有五六寸，最高可达一尺多。细叶、老枝，寥落、凄清得令人心动。盆景中栽植数株，就让人产生一些归隐的念头，也算是盆景中的高雅意趣。只是笋长到四五寸长时，将顶端剥开，就不会再长长，而且枝干开始变紫，叶片变翠绿。水竹本性喜欢温暖不耐寒，冬天一定要将其移至屋内，夏天一定要勤灌溉，用泥沙栽种最好。

垂柏

此柏枝叶条条下垂，有若璎络[1]状，亦名璎络柏。必本壮干古，或倚斜，或挺植，各形，宜似垂杨飘荡，令人有重阴堪歇马之想为妙。但本树生多挺直，每以匾茨柏[2]老怪根椿[3]靠接。喜阴。宜栽沙土，干湿务均。

注释

〔1〕璎络：即“璎珞”，古代用珠玉串成的装饰品，多作为颈饰。

〔2〕茨柏：别名“翠柏”“刺柏”等，常绿小乔木，性喜冷凉气候，耐寒性强，对土壤要求不严。

〔3〕椿：落叶乔木，嫩枝叶有香味，可食。

译文

垂柏的枝叶一条条地垂落下来，像璎珞一样，也叫“璎珞柏”。垂柏一定根健壮、枝干苍古，有的歪斜不正，有的挺拔笔直，各种形状，最好像垂杨柳一样飘摇晃荡，让人产生浓荫密布可以下马休息的念头。只是本来垂柏树干多挺拔笔直，所以制作盆景时一般要用扁刺柏古老怪异的树根、椿树等嫁接。垂柏喜欢阴凉环境，适宜栽种在沙土中，土壤的干湿度一定要平衡好。

黄杨

叶密枝繁，四时青翠可爱。矮仅三五寸，枝干肥状可上盆，作两行栽，有林景风致；大者三五尺，□□台。但叶似豆瓣为贵，雀舌[1]不足取。喜肥湿。

注释

〔1〕雀舌：茶名，以嫩芽焙制的上等茶。此处指形状像雀鸟的舌头。

译文

黄杨枝叶繁茂，四季鲜绿让人喜爱。株型矮小的才三五寸高，枝干肥壮的可以种植在盆中，分两行栽植，有树林景致的风韵；株型高大的有三五尺高，□□台。只有叶片像豆瓣的是珍贵品种，像雀舌的不值得栽植。喜欢肥沃湿润的土壤。

虎茨

此种凡系山林阴处皆生，但不如杭之萧山所产。花白，子红，干老，叶肥，层叠多重，深青可爱。必其十数株一盆，原不用剪缚，有天然风致，愈旧愈古，实为几上之山林景。喜阴露，干湿要均，每不易活。

译文

虎茨只要是在山林阴暗的地方都可以生长，只是比不上杭州、萧山出产的。花朵白色，果实红色，枝干苍老，叶片肥厚，层层叠叠，深绿可爱。一定要十几株种于一盆，不需要修剪缠缚，有自然形成的风韵，越是陈旧越显苍古，实在是几案上山林景致的榜首。喜欢阴凉、带露水的环境，土壤的干湿度要平衡好，一般不容易成活。

刺柏

大者必本如蹲虎，枝若飞龙，屈斜古雅，高不满尺方可入盆。小者长寸许，亦必露顶曲爪，三五株一盆，使其参差得宜，犄角有情方称林树妙品。再有“三友柏”一种，乃茨柏、匾柏、鹿角柏共出一树，奇瑟[1]杂样可观，止宜蟠扎[2]。香圆转用圆盆栽种，其水土浇培与垂柏同。

注释

〔1〕瑟：洁净鲜明的样子。

〔2〕蟠扎：一门古老的园艺技术，主要是用棕丝或金属丝牵拉改变枝干的方向，以弥补盆景作品中的不足之处或填补因缺枝造成的空白。

译文

高大的刺柏根像蹲着的老虎，枝干好像飞舞的蛟龙，弯曲歪斜，古典高雅，高度不足一尺的才可以移植至盆中。矮小的刺柏高一寸多，但也必须挑选露出弯曲爪子状树顶的，三五株种入一盆，最好让它们高矮不齐，像兽角一般有韵致的才称得上树木类盆景中的上品。另有一种“三友柏”，是使刺柏、扁柏、鹿角柏共同生长在一棵树上，新奇明洁，多种样式融于一体，实在可观，只需要适当进行蟠扎。香圆这种柏树适合用圆形花盆栽种，它的栽培浇灌方式和垂柏相同。

梅

盆梅本桩[1]者，少皆以桃本接之即善，养不过三五年必坏，惟梅桩及梅本接者耐久。但春多生天阴虫，宫粉独甚，绿萼次之，以炉灰洒或苦参水涂抹可绝。又不可令抽气条[2]，恐来春无花。凡枝芽有十许即剪去秒头，使元气郁蓄，来年花发自茂，且格局不野[3]。严寒无花之时，案头置放一盆，满目春色，心景一新。若腊梅更香盈一室，睡梦亦多幽趣。

注释

〔1〕桩：树木砍伐或折断后残留的部分。

〔2〕气条：宋朝范成大《范村梅谱》中提到，“梅，以韵胜，以格高，故以横斜疏影与老枝怪奇者为贵。其新接稚木，一岁抽嫩枝直上，或三四尺，如酴醾、蔷薇辈者，吴下谓之气条，此直宜取实规利，无所谓韵与格矣”。

〔3〕野：天然，不加修饰。

译文

盆梅本来是树桩一类的盆景，未长成时用桃根嫁接就可以，培养不过三五年就会衰败，只有梅桩和梅根嫁接的能坚持长久。春天大多容易长阴虫，宫粉梅特别厉害，其次是绿萼梅，播撒炉灰或者用苦参水涂抹都可以杜绝。不能让它抽气条，否则第二年春天会不开花。只要长出十几枝枝芽就要打顶，使花木的元气可以得到充分蓄积，第二年开花一定繁茂，而且布局可以更规整。几乎没有花卉开放的严寒之时，在案头放置一盆梅花，满眼都是春天的景色，心境更是焕然一新。如果是蜡梅更会令室内香气满盈，睡梦中也会多一分雅趣。

桃

以单瓣桃本接，亦在盆开花结实，但接干易野，不甚苍古，惟取其花可也。

译文

用单瓣桃枝嫁接，也可以在盆中开放花朵、结出果实，但是嫁接枝条容易使整个造型不受控制，显得不沧桑古朴，只观赏它的花朵就可以了。

蒲草

蒲之种有六，金钱、牛顶、台蒲、剑脊、虎须、香苗。看蒲之法，妙在勿令见泥与肥为上。勿浇井水，使叶上有白星坏苗，不可日曝〔1〕，勿冒霜雪，勿见醉人油手数事为最。种之昆石〔2〕，水浮石中，欲其苗之苍翠蕃衍〔3〕，非岁月不可。又一法，于四月时候，将蒲合根挖起，一了可分一柯〔4〕必久，带有根须。用年久瓦捶碎如粟大，拌河沙栽种，中高凸，四边少低，若馒首样。根列要稀密得宜，一层高一层，将草横栽，凸背朝上，则叶长下垂可观。初种不令见雨，恐霖崩瓦沙。栽活将粗叶剪去则生细叶，久之根结叶细，绿翠可爱。盆必要白磁，大圆或葵花口，盈一尺。有水底者种之，冬去其底水，对日方浇，晚收暖房。

注释

〔1〕曝：晒。

〔2〕昆石：产于江苏省昆山市的玉峰山，与灵璧石、太湖石、英石合称“中国古代四大名石”。

〔3〕蕃衍：滋生繁殖。

〔4〕柯：草木的枝茎。

译文

蒲草有六个品种，分别是金钱、牛顶、台蒲、剑脊、虎须和香苗。好的蒲草盆景妙在不见泥巴与肥料。不要浇灌井水，这样会使叶片上长有白色星点，毁坏花苗，不可以被烈日暴晒，不可置于冰雪下，不要用醉酒后油腻的手触碰，这几件事最重要。栽种在昆石边，在水面漂浮，石头大小合适，想要花苗鲜绿繁盛，一定要时间稍长一些。还有一个方法，在四月将蒲草连根挖起，一把分成单枝的，一定长久，要带有根须。将旧瓦捶成粟米大，拌入河沙后栽种蒲草，中间高高凸起，四周稍微低一些，像馒头一样。根须的排布要稀疏合适，一层比一层高，将蒲草横着栽种，凸起的背部朝向上方，那么叶片就会细长，向下悬垂。刚开始种下的时候不要让它淋雨，主要是担心淋漓的雨水使瓦沙崩塌。栽种成活以后，将粗的叶片剪掉，就慢慢只会生长细长的叶片，时间长了，花根盘结，叶片细长翠绿，让人喜爱。盆器一定要用白磁花盆，又大又圆的，或是葵花口状的，一尺多宽即可。栽种时底部用花盆蓄些水，冬天去掉花盆，接收光照时才浇水，晚上就移至暖房中。

霸王树

产广中[1]，本肥壮，生如掌，色翠绿，上多米色点子，叶生顶上，称为奇树可也。

注释

〔1〕广中：指如今的广东省和广西壮族自治区。

译文

霸王树产自广东、广西，根肥大健壮，形如手掌，颜色碧绿，上面有很多米色的点点，叶子生长在树顶，可以称得上是一种奇特的树。

青珊瑚

产广中，结实如珊瑚，其色青翠可玩。

译文

青珊瑚产自广东、广西，结的果实像珊瑚一样，翠绿的颜色值得赏玩。

铁树

产广中，色俨类铁，其枝了穿结[1]，甚有画意。又闻有铁树花叶密而花红，想又一种也，未见。

注释

〔1〕穿结：本指衣服洞穿和补缀。这里指铁树叶似针，可以解决衣服的破漏问题。

译文

铁树产自广东、广西，颜色十分像铁，枝干像针，似乎可以用来缝补衣服。还听说铁树的花叶稠密而且花色鲜红，料想应该是另外一种，没有见过。

平地木

高不盈尺，叶色深绿，子红甚若棠梨下缀，且托根多在瓯[1]阑之傍，岩坚幽处似更可佳。

注释

〔1〕瓯（ōu）：小盆。

译文

平地木株高不超过一尺，叶片颜色深绿，果实鲜红得像棠梨果一般呈下坠状，而且多在狭窄盆子栏杆旁边生出根须，如果放在岩石坚硬幽深的地方好像更加美妙。

火石榴

上盆小株，花多色红，有粉、红、白色三种，甚可人目。[1]然无他法，以其嫩头长出即摘去。烈日当午以水浇之，则花茂肯发。是即大株分本。外有细叶一种，名海石榴，亦佳。

注释

〔1〕此处疑有脱文。

译文

将小株火石榴种在盆中，它的花朵多为红色，一般有粉色、红色、白色三种颜色，花开时赏心悦目。没有别的办法，只能在它的嫩芽刚长出来时就摘掉。炎炎烈日的正午用水浇灌，能使花朵生发并生长繁茂。如果是大株的话要及时分根。另外有细小叶片的一种火石榴，名叫“海石榴”，也是很好的品种。

栀子花

产福建，矮树，花白，千瓣，清香可爱，高不盈尺。霉雨时随手剪扦肥土即活。又一种覆盆小栀花，亦相同。

译文

栀子花产自福建，株型矮小，白色千瓣花朵，清新的香气让人喜爱，株高不超过一尺。梅雨季节随手剪下一枝插进肥沃的土壤中就会成活。还有一种呈覆盆状的小栀子花也是一样的扦插方式。

橘子

有金亘橘，生子状若蚕豆，秋深颗颗垂金，树小子多，清玩妙品。牛奶橘子，状若牛奶，秋时结实，看至明年三月，子尚垂金不落。金弹橘子圆若弹丸[1]而色红。俱正月取核撒地生苗，冬月搭棚蔽霜雪，至春撤去，待长二三尺移栽，总猪粪或三月将枳棘木[2]□□，至八月移栽肥土，灌以粪水。

注释

〔1〕弹丸：打弹弓用的铁制或泥制的丸。

〔2〕枳棘木：枳木与棘木，因其多刺而称“恶木”。

译文

橘子中有一种金亘橘，结出的果实形状像蚕豆，深秋时节树上垂挂下来好似颗颗金珠，树型矮小果实多，是赏玩的绝妙品种。牛奶橘子，形状像牛的乳房，深秋时节结出果实，可以观赏到第二年的三月，果实仍然垂挂不掉落。金弹橘子，像弹丸一般圆润，而且颜色鲜红。这几种橘子都是正月将果核播撒在地里长出树苗，十一月搭设棚架遮蔽霜雪，到春天的时候撤去，等长到两三尺高后就移植，施猪粪或三月时将枳木、棘木□□，到八月再移栽到肥沃土壤中，浇灌粪水。

迎春

春首开花，故以为名。百木未芽，此花迎春开放，色黄如金，叶绿如翠，残腊[1]为之顿解，气象从此一新。二月中，枝可插活，编盖上盆，以焊牲水灌之，则花茂。

注释

〔1〕残腊：农历年底。

译文

迎春花在初春盛开，因此取名“迎春”。百木尚未发芽，迎春花迎着春天盛开，颜色金黄得像金子一般，叶片鲜绿得像翡翠一般，旧年的气象顿时消解，从这时起焕然一新。二月中旬，扦插枝条可以成活，编一个盖子覆在花盆上，用烫过牲口的水浇灌，花朵会长得繁茂。

枸杞

本条柔长，不足取，其古致多系其根从崩坡败墙中挖出。择状大屈折者，以盆栽其半，以一半露外，用瓦匝合筑土，待其顶叶发新，方可以渐去瓦，削土齐盆。枝叶要频频剪除，至冬红子扶疏[1]，点点若缀，雪中可观。是土可栽，但不可冻及肥，肥则易生虫，花时不去虫则无子。

注释

〔1〕扶疏：枝叶繁茂，高低疏密有致。

译文

枸杞枝条软细长，不值得一看，它古朴雅致的气质多是由于它的根是从崩塌的山坡、腐朽的墙壁中挖出来的。选择形状大且形态曲折的枸杞根苗，用花盆栽种，露一半在外面，用瓦片合围，将泥土捣压紧实，待顶端长出新叶才可以慢慢移去瓦片，将土削整至与盆缘齐平。枝叶要经常修剪，到了冬天，红色的果实透过枝叶点缀其间，可在雪中赏玩。只要有土就可种植，但不能冻馁或者太过肥沃，过肥就容易长虫，开花的时候不除虫就会无法结果。

美人蕉

状如大蕉，高仅六七寸，栽以匾方盆，傍立长瘦一石，方惬[1]心赏。一云大蕉至春傍发小苗，连根切下，以水养之，高大亦如美蕉，但过冬必坏，来年如法另栽。

注释

〔1〕惬：满足，畅快。

译文

美人蕉形状像大蕉，株高仅六七寸，用扁方状花盆栽种，在旁边立一块又长又瘦的石头，万般满足内心欣赏。有一种说法是春天大蕉旁边会生发小苗，连根挖出后水培，长成后的高度大小如同美人蕉，只是过冬后一定会死，第二年按照这个方法重新栽培即可。

十姊妹

花小而一蓓十花，故名，其色因一蓓中分红、紫、白、淡紫四色，或云色开久而变。亦有七朵一蓓者，名七姊妹，花甚可观，开在春尽。

译文

十姊妹花小且一簇十朵花，因此得名，有红色、紫色、白色、淡紫色四种颜色，有人说花开久了就会变色。还有一种一簇开七朵花的品种，叫“七姊妹”，花朵很值得观赏，在春末开放。

秋海棠

花质娇冶[1]柔软，真同美人倦妆[2]。此品喜阴，一见日色即瘁[3]。九月收枝上黑子，撒于盆内，来春即发叶，绿面红裳[4]，当年有花。老根过冬者，花发更茂，但不可根上加泥及浇井水，否则折腰而死，亦怕冻。

注释

〔1〕娇冶：艳丽；妖媚。有时用来指美人。

〔2〕倦妆：懒于梳妆打扮。明朝高启《题理发美人图》诗中提到“石后理梳羞未出，怕人猜是倦妆时”。

〔3〕瘁：憔悴；枯槁。

〔4〕绿面红裳：这是拟人手法，将秋海棠比作女性，有着绿色的妆面，穿着红色的裙子。

译文

秋海棠花朵艳丽，枝条柔软，真的好像美人倦怠疏于梳妆的样子。这个品种喜欢阴凉环境，一见到阳光就憔悴枯槁。九月收集枝条上的黑色果实播撒在盆中，第二年春天发芽，花朵盛开时仿佛绿颜红裙的少女，当年就会开花。老树根过冬后花开得更加繁茂，不要在根上再加泥土和浇灌井水，不然的话枝条易折断死亡，也害怕冻馁。

杜鹃花

有蜀中[1]者佳，谓之川鹃，花内十数层，色红甚。四明[2]者，花可二三层，色淡，总名杜鹃。喜阴恶肥，天旱以河水浇之，树阴下放置则茂，叶色青翠可观，有黄白二色，奇甚。

注释

〔1〕蜀中：泛指今四川省大部分地区。

〔2〕四明：山名，位于浙江省宁波市。

译文

蜀中的杜鹃花是佳品，叫作“川鹃花”，花瓣有十几层，颜色很红。四明山的杜鹃花，花瓣可能只有两三层，颜色淡雅，总之都叫“杜鹃”。杜鹃花喜欢阴凉环境，不喜肥沃，干旱的时候用河水浇灌，置于树荫下就会繁茂，叶色清润翠绿，值得观赏，有黄色和白色两种花色，特别奇妙。

真珠兰[1]

真珠兰有紫、黄二色，蓓蕾如珠，花开成帚，其香甚浓，以之蒸牙香棒[2]。香名兰香者，非此不可。广中极盛，携至南方则不易花。又名鱼子兰，叶类茉莉。

注释

〔1〕真珠兰：即珍珠兰。

〔2〕牙香棒：一种洗牙的工具，可以洁净牙齿，清新口腔。

译文

珍珠兰有紫色和黄色两种花色，花蕾像珍珠，花开时呈帚状，香味浓烈，可以用它蒸牙香棒。有一种叫“兰香”的香，只能用珍珠兰制作。广东、广西出产的珍珠兰特别多，但是带到江南地区后就很难开花。又叫“鱼子兰”，叶片状似茉莉花的叶片。

剪秋罗

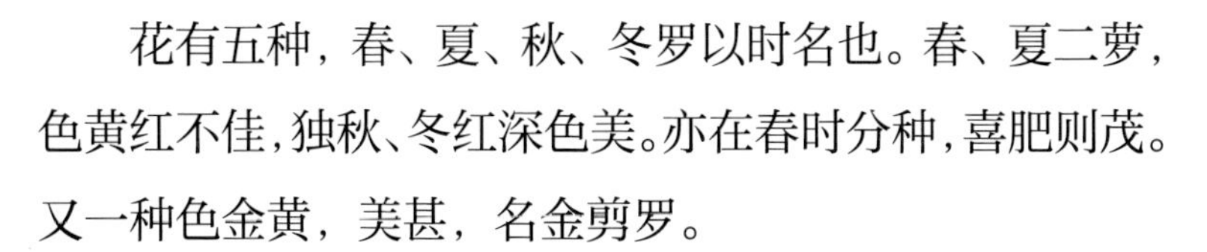

花有五种，春、夏、秋、冬罗以时名也。春、夏二萝，色黄红不佳，独秋、冬红深色美。亦在春时分种，喜肥则茂。又一种色金黄，美甚，名金剪罗。

译文

剪秋罗有五个品种，依据春、夏、秋、冬四个时节命名，春、夏两季的剪秋罗花色是黄色和红色，不算佳品，但是秋、冬两季的花色深红，很漂亮。在春天分种，喜欢肥沃土壤，合理施肥可以使花朵繁茂。还有一种花色金黄的品种，非常漂亮，名叫“金剪罗”。

〔清〕恽寿平

罂粟 又一种，丽春花[1]，□同，系单瓣。

花千瓣，五色。虞美人瓣短而娇，满园春夹瓣飞动，俱以子种，在八月中秋日下。土宜大肥则明夏花茂，否不及矣，亦宜盖以毛灰，免令虫食其子。

注释

〔1〕丽春花：与后面出现的“虞美人”“满园春”均为古代罂粟的品种名。

译文

题注：有一种叫丽春花的，□同，开单瓣花。

这种花花朵千瓣，有五种颜色。虞美人花瓣短而娇艳，满园春花瓣相对飞舞，都是用种子进行繁殖，在八月中秋时节播种。适宜种植在肥沃土壤中，这样第二年夏天花朵会开得繁茂，最好用毛灰覆盖，以免虫子啃食它的果实。

番山丹

有二种，一名番山丹，花大如碗，瓣俱卷转，高可四五尺，一种花如朱砂，本止盈尺，茂者一干两三花朵，更可观也，亦须每年八九月分种，方盛。

译文

番山丹有两种，一种名叫番山丹，花朵像碗一般大，花瓣都是翻转卷曲的，高度可达四五尺。另一种花朵颜色像丹砂，根只有一尺多长，繁茂的一根枝干上开两三朵花，更加值得观赏，必须每年八月、九月分株栽种才会生长茂盛。

石竹花

有二种，单瓣者名石竹，千瓣者名洛阳花。二种俱有雅趣，亦须每年起根分种则茂。

译文

石竹花有两种，单瓣的叫石竹，千瓣的叫洛阳花，这两种都有幽雅意趣，也必须每年挖出根进行分根栽种，才会繁茂。

红荳花

花开一穗[1]，十蕊累累下垂，色如桃杏，其叶瘦如芦，亦可观也。

注释

〔1〕穗：禾本植物聚生在茎的顶端的花和果实。

译文

红豆花只开一枝花，十个花蕊成串地向下悬垂，颜色像桃花、杏花，它的叶片又瘦又细如同芦苇一般，也值得观赏。

钱葵 即锦茄花。

花叶如葵，稍矮而丛生，大如钱，止有粉间深红一色，开亦耐久。

译文

题注：钱葵就是锦茄花。

花朵叶子像葵花，稍微矮小且丛簇生长，大小像铜钱一般，只有粉间深红一种颜色，开放持久。

红麦

麦种，花妙如剪，子大于麦数倍，色红可爱。

译文

像小麦一样播种，花奇巧如同剪子一般，果实比小麦大好多倍，颜色红艳，让人喜爱。

山丹

花如朱红，外有黄色，有白色花者，俱称奇。亦在春分种。

译文

山丹花颜色像朱砂，另外还有开黄色和白色花朵的，都称得上奇特。也在春季分根栽种。

草本，挺生，花开多甚，每朵头若尼姑帽云。帽内露双鸾[1]并首，形似无二，外分二翼一尾，天巧之妙，何肖生物至此？根可入药，名曰乌头[2]。春分根种。

注释

〔1〕鸾：凤凰之属。

〔2〕乌头：属草本植物，特指舟形乌头，花大，紫色。根茎像乌鸦的头，有毒，可入药。

译文

双鸾菊是草本植物，挺直生长，开花很多，每一朵花头都像尼姑帽子。帽内宛如双鸾鸟并头站立，形象相似无二，帽内分为两只翅膀，一条尾巴，天然精巧绝妙，怎么这么像活着的动物？花根可以作为药材，名叫“乌头”。在春分时插根栽种。

水木樨

花色如蜜，香与木樨同味。草本耳，亦在一月分种。一名指甲红，用叶捣加矾[1]泥染指红于凤仙。

注释

〔1〕矾：含水复盐的一类，是某些金属硫酸盐的含水结晶。最常见的是明矾，亦称“白矾”。

译文

水木樨的花瓣颜色如同蜂蜜一般，香气和木樨的相同。草本植物，也是在一月分根栽种。又叫“指甲红”，将叶片捣碎加上明矾，染在指甲上，比凤仙花的颜色还红艳。

茗花

即食茶之花，色月白而黄心。清香隐然，一盆当窗，可为清供佳品。

译文

茗花就是茶树开的花，花瓣为淡蓝色，花心是黄色。有隐隐的清幽香气，一盆迎窗摆放，是屋内摆设赏玩的佳品。

金钱花 俗名夜落金钱。

出自外国，花朵如钱，亭亭〔1〕可爱。昔鱼弘〔2〕以此赌赛，谓得花胜得钱，可谓好之极矣。

注释

〔1〕亭亭：指耸立的样子；高貌；明亮美好貌。

〔2〕鱼弘：生卒年不详，襄阳（今湖北省襄阳市）人。南朝梁大臣，著名将领。

译文

题注：金钱花俗名叫“夜落金钱”。

金钱花来自外国，花朵像金钱般，耸立挺拔让人喜爱。过去鱼弘用它来比赛，说得到花胜过得到钱，可以说是喜爱到了极点。

指甲花

生杭之诸山中，花小如蜜色而香甚，用山土移上盆中，亦可供玩。

译文

指甲花是在杭州的各个山中出产的，花瓣小，颜色如同蜂蜜一般，而且非常香，用山间土壤移栽到花盆中，也可供玩赏。

盆荷

以老莲子磨顶装入鸡卵壳内，将纸糊好，与群卵同令母伏候，各雏出，收起莲子。先以天门冬[1]为末，和羊毛、角屑拌泥安盆底。种莲子在内，勿令水干，则生叶开花如钱，大可奇爱。

注释

〔1〕天门冬：一种多年生草本攀缘植物，地下有簇生纺锤形块根，叶退化，由绿色线形叶状枝代替叶的功能。块根可入药。

译文

将成熟的莲子磨去顶部，用袋子装好放进鸡蛋壳里，用纸糊好鸡蛋壳，和其他鸡蛋一起让母鸡去孵化，等到小鸡出壳，收起莲子。先将天门冬磨成粉末，和羊毛、角屑一起拌入泥巴中并置于花盆底部。将莲子种在盆底，不要让水干涸，那么就会长出叶子，开出像铜钱一般大小的花朵，让人觉得奇特喜爱。

阑天竹

生诸山中，叶俨似竹，生子红如丹砂[1]，经久不脱，且耐霜雪，植之庭中，可避火炎，甚验。

注释

〔1〕丹砂：一种矿物，炼汞的主要原料。可做颜料，也可入药。又叫“辰砂”“朱砂”。

译文

阑天竹生长在各个山林中，叶片很像竹子，结出的果实颜色红得像丹砂，经历很长时间不褪色，而且耐霜雪，种植在庭院中可以防火避暑，很有效。

锦荔枝

草本，藤蔓，种盆结缚成盖，生果若荔枝，少大，色金红，内甜可食，子入药用。

译文

锦荔枝是草本植物，像藤草一样蔓延生长，种在盆中攀附缠绕成盖状，结出的果实像荔枝，大都小一点儿，颜色是金红色，果肉很甜可以食用，种子可以入药。

莲花

种类繁多，惟有白锦边起楼为佳，其余红白皆千瓣，平头西瓜瓤不足为贵。至若一捻红[1]，红迹偏斜不整，更为可厌。种缸不必中腰隔砖，但须藕簪[2]长大。春分前栽，五月有花，此已验之法。

注释

〔1〕一捻红：洛阳牡丹中的古老品种。浅红色的花朵上，常有深红的一点，好像是在花瓣、花叶上用指头轻轻捻了一下。

〔2〕藕簪：俗称藕带。

译文

莲花的种类很多，只有白锦边起楼是名贵品种，其余或红色或白色的都是千瓣莲花，平头西瓜瓤不足以称作珍品。比如一捻红，红线的痕迹偏移歪斜不整齐，更是让人讨厌。种植的缸不一定在中间用砖隔断，因为藕带需要长长。春分前栽种，五月就会开花，这是已经验证过的方法。

金茎花[1] 即黄蝴蝶。

花如蛱蝶，风过，花若飞舞摇荡。妇人采之为饰，谚曰："不戴金茎花，不得入仙家。"

注释

〔1〕《金茎花》摘自《遵生八笺·燕闲清赏笺（下）》。

译文

题注：金茎花又名"黄蝴蝶"。

花朵像蝴蝶，在微风的吹拂下好似正飘摇飞舞。妇女采摘它作为饰品，谚语说，不戴金茎花，不能进入神仙的家。

笑靥花[1]

花细如豆，一条千花，望之若堆雪。然茂者数十条，劈根分种，易活。

注释

〔1〕《笑靥花》摘自《遵生八笺·燕闲清赏笺（下）》。

译文

笑靥花的花朵细小如豆子一般，一根枝条上有上千朵花，远远看上去好像堆积的白雪。像这样生得繁茂的枝条有数十根，可进行分根栽培，容易成活。

蝴蝶花[1]

草花，俨若蝴蝶，色黄，上有赤色细点，阔叶。秋时分种。

注释

〔1〕《蝴蝶花》摘自《遵生八笺·燕闲清赏笺（下）》。

译文

蝴蝶花是草本花卉，花朵像蝴蝶，呈黄色，上面有红色的小点，叶片宽大。秋季可对其分株栽种。

金盏花[1]

色金黄，细瓣攒簇[2]，肖盏[3]。当春初即开，独先众花。

注释

〔1〕《金盏花》摘自《遵生八笺·燕闲清赏笺（下）》。
〔2〕攒簇：簇集。
〔3〕盏：浅而小的杯子。

译文

金盏花呈金黄色，细长的花瓣簇集在一起，像小杯子一般。它在初春盛开，花期比许多花卉都早。

金钵盂[1]

似沙罗[2]而花小，夹瓣如瓯，红鲜映日。

注释

〔1〕《金钵盂》摘自《遵生八笺·燕闲清赏笺（下）》。

〔2〕沙罗：即金沙罗，似荼蘼，单瓣，红色夺目。

译文

金钵盂像金沙罗花，但是花朵稍小，有双层花瓣，花朵像小盆子，在阳光的照射下鲜红耀眼。

锦带花[1]

花开蓓蕾可爱，形如小铃，色粉红而娇，植之屏篱，可折供玩。

注释

〔1〕《锦带花》摘自《遵生八笺·燕闲清赏笺（下）》。

译文

锦带花的花骨朵儿让人喜爱，花形像小铃铛一般，花色呈粉红色，娇美可人，种在篱笆旁，可以采摘下来以供赏玩。

金丝桃[1]

花若桃而心有黄须铺散花外，若金丝，然亦以根劈种。

注释

〔1〕《金丝桃》摘自《遵生八笺·燕闲清赏笺（下）》。

译文

金丝桃的花朵像桃花，花朵中心的黄色花蕊铺散到花瓣外，如金色丝线一般，也可以通过分根种植。

朱兰、蕙兰[1]

花开肖兰，色如渥丹[2]，叶润而柔。粤种蕙细长，一梗八九花朵，嗅味不佳，俗名九节兰也。

注释

〔1〕《朱兰、蕙兰》摘自《遵生八笺·燕闲清赏笺（下）》。

〔2〕渥丹：百合科百合属植物，状与百合相似，花呈深红色。

译文

花朵如兰花，颜色像渥丹，叶片润泽且柔软。广东产的蕙兰株型细长，一根花梗上结八九朵花，闻起来味道不好，俗称“九节兰”。

青莲[1]

以莲子磨去顶，浸靛缸中，明年清明拾起，种之，花开青色。

注释

〔1〕《青莲》摘自《遵生八笺·燕闲清赏笺（下）》。

译文

将莲子磨去顶部，浸泡在靛蓝染缸中，于第二年清明时节拾起来种植，会开出青色的花。

紫罗兰[1]

草本，色紫翠，如鹿葱花[2]，秋深分本栽种，四月发花，可爱。

注释

〔1〕《紫罗兰》摘自《遵生八笺·燕闲清赏笺（下）》。

〔2〕鹿葱花：又名“夏水仙”“紫花石蒜”，为石蒜科石蒜属的多年生草本植物，多分布在日本、朝鲜，以及中国的江苏、河南、浙江、河北、山东等地，生于山沟及溪边的阴湿处，在盛夏开出淡紫色或淡粉色且有香气的花朵。《群芳谱》记载“鹿喜食之，故以命名”，这就是“鹿葱”一名的由来。

译文

紫罗兰是草本植物，颜色紫翠，花朵像鹿葱花，深秋时节可通过分根栽培，四月开花，让人喜爱。

挂兰[1]

产浙之温台山中岩壑深处，悬根而生，故取之。以竹为络[2]，挂之树底[3]，不土而生。花微黄，肖兰而细。不可缺水，时当取下，水浸湿又挂，亦奇种也。闽粤一种红花黄边紫粉心者，美甚。

注释

〔1〕《挂兰》摘自《遵生八笺·燕闲清赏笺（下）》。

〔2〕络：网，网状物。

〔3〕树底：树木的底部。

译文

挂兰产自浙江温台山的山峰和溪谷深处，根部悬于空中生长，因此而得名。将竹篾编成网，挂在植株底部，哪怕没有土也可以生长。花朵颜色微黄，像兰花且细长。不能缺水，缺水时应取下来用水浸湿后再悬挂，是很奇特的品种。福建、广东一带有一种开红色花、花瓣边缘呈黄色、花蕊呈紫粉色的品种，很美。

淡竹花[1]

花开二瓣，色最青翠。乡人用绵收之，货[2]作画灯，青色并破绿[3]等用。

注释

〔1〕《淡竹花》摘自《遵生八笺·燕闲清赏笺（下）》。

〔2〕货：卖。

〔3〕破绿：疑为一种颜色。

译文

淡竹花的花朵有两片花瓣，颜色极为翠绿。乡人用丝绵收贮，卖给人作画灯的颜料，青色和破绿并用。

金灯花[1]

花开一簇五朵。金灯色红，银灯色白，皆蒲[2]生，分种。

注释

〔1〕《金灯花》摘自《遵生八笺·燕闲清赏笺（下）》。

〔2〕蒲：古同“匍”，匍匐。

译文

金灯花开花后一簇有五朵。金灯花呈红色，银灯花呈白色，都匍匐生长，可分株栽种。

鹿葱[1]

花俨蜨蝶，三大圆瓣而三小尖瓣，葱藕色，中心白地[2]，红黄点点，摇风弄影[3]，丰韵可人，根枝丛发。

注释

〔1〕《鹿葱》摘自《遵生八笺·燕闲清赏笺（下）》。

〔2〕地：底子，底层。

〔3〕弄影：物动使影子也随之摇晃或移动。

译文

鹿葱花像蝴蝶，花朵由三片较大的圆形花瓣和三片较小的尖瓣组成，藕色中透着青绿，中心以白色为底，带有红色和黄色的斑点，在风的吹拂下影子也摇曳起来，饱含风韵，让人心动。根部和枝条聚集生长。

玉簪花[1]

春初移种肥土中则茂。其花如簪，有白紫二种。喜水，分种，盆石栽之，可玩。

注释

〔1〕《玉簪花》摘自《遵生八笺·燕闲清赏笺（下）》。

译文

初春将玉簪花移栽到肥沃的土壤中，植株会长得非常繁茂。它的花朵像簪子一般，有白色和紫色的两种。喜水，可分株，在花盆里放上石头栽种，可供赏玩。

慈菰[1]

以小缸用泥水种之，每窠[2]花梃一枝上开数十朵，亦甚雅素[3]。

注释

〔1〕慈菰：即慈姑。

〔2〕窠：通“棵”，量词。

〔3〕雅素：高雅恬淡，高雅质朴。

译文

在小缸中用泥水种植慈姑，每棵植株的花梗一枝开几十朵花，也很高雅质朴。

鼓子花[1]

花开如拳，不放顶幔，如缸鼓式，色微蓝可观，又可入药。

注释

〔1〕《鼓子花》摘自《遵生八笺·燕闲清赏笺（下）》。

译文

花开放的形态像拳头，不展开顶部的花瓣，样式像缸、像鼓，颜色为淡蓝色，可供观赏，也可以作为药材。

十样锦[1]

枝头乱叶，有红、紫、黄、绿四色，故名。其雁来红，以雁来而色娇红；老少年，至秋深，脚叶深紫而顶红；少年老，顶黄而叶绿。收子撒于耨熟地肥土中，加毛灰盖之，以防蚁食，二月中生。

注释

〔1〕《十样锦》摘自《遵生八笺·燕闲清赏笺（下）》。

译文

枝头杂乱的叶片有红、紫、黄、绿四种颜色，因此得名。其中名为“雁来红”的，因大雁迁徙而来时颜色娇艳鲜红而得名；被称为“老少年”的，是由于它到了深秋时节，底部的叶片呈深紫色，而顶部的呈红色；名为“少年老”的，则是顶部呈黄色而叶片呈绿色。收集种子并播撒在锄过草的肥沃土壤中，用毛灰覆盖，以防蚂蚁食用，二月中旬就会生根。

鸡冠花[1]

有扫帚鸡冠；有扇面鸡冠；有紫白同蒂，名二色鸡冠。扇面者，以下多子、冠矮而两三色同蒂为佳，上盆可玩。俱以子种，一云撒高则高，撒低则低也。

注释

［1］《鸡冠花》摘自《遵生八笺·燕闲清赏笺（下）》。

译文

鸡冠花有扫帚鸡冠花和扇面鸡冠花，还有一种一根花茎上同时生长紫色与白色两种颜色的花，名为“二色鸡冠花”。在扇面鸡冠花中，种子多，冠状花序矮小，而且有两三种不同颜色的花朵同枝的最好，种在盆中可供赏玩。鸡冠花都用种子栽种，有一种说法是，将种子撒在高处植株就长得高，撒在低处植株就长得低矮。

紫花儿[1]

遍地丛生，花紫可爱，柔枝嫩叶摘可作蔬。春时子种。

注释

［1］《紫花儿》摘自《遵生八笺·燕闲清赏笺（下）》。

译文

紫花儿到处聚集生长，花朵呈紫色，让人喜爱，柔软的枝条和鲜嫩的叶子可以摘下作为蔬菜食用。春季播种。

水仙

宜栽卑湿[1]处，不可水渴[2]。九月初下土，肥则花茂，瘦则无花，五月收根，以童尿浸一宿，晒干悬火暖处，若不移宿，根更旺。其叶根俱似蒜，花甚香幽。

注释

〔1〕卑湿：地势低，环境潮湿。《史记·货殖列传》：“江南卑湿，丈夫早夭。”

〔2〕水渴：缺水。

译文

水仙适合栽种在地势低且潮湿的地方，不可以缺水。九月初种植在土中，土壤肥沃则花量大，土壤贫瘠就不开花。五月收集根部（种球），用童子尿浸泡一晚，晒干后悬挂在有火的温暖处，如果一晚上都不移开，则根部生长得更好。它的叶片和根都像蒜，花朵的香味非常清雅。

剪扎

盆景若不剪扎，必然蕃[1]野无致。松柏以飞龙舞爪为势，最忌叶类箒竖[2]，枝生鹿角。梅虽有风、晴、雨、露之分，独风梅枝偏一顺，最为有态而易识，余则互相指是，不过取其枝屈干老为度，即此各花便可类推矣。圆盆宜独本挺直，与□湾香转相称；方盆独本必倒斜，双本必高下参差。若花大盆小，花矮盆深，皆不雅观。必于秋后各相所宜，应剪者剪，应扎者扎，惟期枝叶两顾有情，勿令彼此各向。大都自取生意[3]，原无定规，若听人某是某非，再加剪扎，何异矮人观戏，随人好丑，不知人各一见。花木至娇，能经几剪扎乎？高明[4]当自知之。

注释

〔1〕蕃：草木茂盛。

〔2〕箒竖：如扫帚般竖立。

〔3〕生意：拿主意。

〔4〕高明：见解、技艺等高超明达的人。

译文

盆景如果不修剪、捆扎，枝条必定生长茂盛，无拘无束，没有韵致。松柏以姿态像腾飞着舞动爪子的蛟龙者为佳，最忌讳叶片像扫帚一般竖立，枝干长成鹿角状的。梅的姿态虽然有“风”“晴”“雨”“露”的分别，但只有风梅的枝干会偏向一边，最有仪态而且最容易识别，其他梅花的枝干相互交错，只不过以枝干弯曲度和年岁为标准，由此就可以推出每种梅花属于哪一类了。圆形花盆中适宜单独栽一株姿态挺拔笔直的与□湾香转衬托；方形花盆如果只栽一株植物，那么植物一定要有倾倒歪斜之态，若一盆栽两株则一定要有高低错落之感。如果植物大花盆小，或者植物矮花盆深，就都不好看。一定要在秋后将植物打造成适宜的样子，应该修剪的就修剪，应该捆扎的就捆扎，只希望枝干和叶片互相交错，富有情趣，而不是彼此按各自的方向生长。对植物的修剪、捆扎大多是自己拿主意，本就没有固定的规矩，如果听凭他人说的对和不对，再加以修剪、捆扎，就跟矮子看戏一样，只知道附和别人，却不知每个人都有自己的见解。花木是最娇贵的，能经历几次修剪、捆扎呢？聪明的人应当知道自己的喜好。

灌浇

盆土原薄，易干亦易湿，灌浇不调，花必易毙。语云：“夏宜饱，冬宜少，春秋有雨，不浇也好。”又云：“热灌冻浇是花刑，夏秋之时宜晚早。”请其详之。

译文

盆景中的土层本来就薄，容易干燥也容易湿透，浇水的方法不对，植物就很容易死。谚语说，夏天要浇足，冬天要浇少，春、秋两季常下雨，不浇水也可以。又说，天太热或太冷时浇水对植物来说都是酷刑，夏、秋两季适宜早晚浇水。要请他们详细说说。

〔清〕居廉

和土

兰与牡丹、芍药之土已栽本花，项下惟诸盆花，虽性有不同，总在肥瘠适均。每于六七月，将沟湖肥黑泥挠起晒干，合以猪鸡粪用缸盛贮，勿令见雨露。再收积破草鞋并糠禾。至八九月将缸贮粪泥倒出一层，草鞋糠禾一层，泥粪举火烧透，用人粪并小便拌湿，仍紧筑缸内，不见天日。至冬腊月霜雪后，诸虫下坠时，遂挖出土，筛去瓦石。将缸粪泥之二和山土之一，以穿底缸收贮，毋筑高，放露天地上，灌以大小便，使接霜雪冰透，至春用以栽花，不惟无虫，且耐天干。

译文

兰、牡丹、芍药等花已经用专用的土来栽种了，剩下的几盆花，虽然花性不相同，但是土壤的肥沃程度适中。每年六七月将沟渠、湖泊中肥沃黢黑的泥土搅拌、捞起、晒干，混合猪粪、鸡粪，用大缸盛放贮存，不要让它沾到雨和露水。再收集破草鞋和谷物脱下的皮。到八九月将缸里贮存的粪泥倒出来铺一层，再铺一层破草鞋和谷皮，将泥粪点火烧透，用人的粪便混合小便搅拌湿润，继续密封于缸里，不能见阳光。到冬天腊月降霜下雪之后，各种虫子蛰伏之时，将缸从土中挖出来，筛除瓦片、石块。将两份缸里的粪泥与一份山土混合搅拌，用底部有洞的缸收集贮存，不要堆得太高，放置在露天处地面上，用大小便浇灌，让它承接霜和雪并结冰，到翌年春天用来栽花，不仅不生虫子，而且耐干旱。

积水

春时用大缸接天雨，水干时灌根洒叶，大助生气[1]。不则宁以缸贮河水，日晒夜露，清早灌花亦妙。若井水多咸苦，最易杀花。如花性喜肥，则收燖鸡鹅鸭水并毛，另缸蓄贮作臭，加以小便些须，日久色黑，用以浇花最肥。或于八九月将人粪并小便用大坛盛满，全埋土内，口以砖盖土掩平，至来年八九月取以浇花更妙。俗名金汁，江南有专以此易钱度日者，不可不知。

注释

〔1〕生气：活力，生命力。

译文

春天用大缸接天上降下的雨水，干旱的时候用来浇灌根部、淋洒叶片，能让植株更具生命力。否则也可以用缸储存河水，承接白天的阳光和夜里的露水，清早用来浇灌植物也很不错。如果用又咸又苦的井水浇灌，最容易让植物凋零。如果植物喜欢肥沃的土壤就收集烫鸡、鸭、鹅的水和羽毛一起，另外找一个缸储存发酵，并浇上一些尿液，一段时间之后等它颜色变黑了，用来浇花，养分最丰富。或者在八九月将人的粪便和尿液一起用大坛子盛满，连缸整个埋在土里，用砖盖上封口并以土掩埋平整，等到第二年八九月时取出来浇花更好。此物俗名“金汁”，江南有专门用其卖钱过日子的人，不能不知道它的制作方法。

瓶花

我辈既癖于花，原自不可须臾[1]离，倘市居湫隘[2]及馆食[3]他方，何以为情？惟以瓶贮花，随时插换，置之案头，无栽剔浇顿[4]之苦，而有把酒赏新之乐，亦快事也。但插花必相瓶之大小高矮，与之相称，不可太繁，亦不可太孤，多不过二三种，高低疏密，斜正曲直，如画图丰致[5]为妙。若枝叶相对，红白相配，与神前供花何异？总之，花以参差不伦[6]为整齐，如善文者断续随便，不拘对偶，意到语止之为整齐也。又必贮以佳器，如不择滥置，犹之大宾贵友，延之饭店酒肆，未免亵慢取罪，欲其欢颜笑口，何可得乎？铜器不拘方圆。樽罍[7]惟以有砂斑为上，因得土气深厚，贮水不坏，花亦不谢且能结实，可称花之金屋[8]。瓷器最忌画有青绿花草人物等，须恐与花卉相形，乱人瞻视，若得官、哥、象、定等窑[9]，细润洁白，暗花、胆、槌，各样素瓶，则又花之精舍[10]也。惟是瓶花既无根土，止凭一水以活命，倘或措置无方，不免开者易萎，未吐者朵堕苗垂矣，又安望瓶中生根，枝上结实乎？此足觇[11]人功之妙也。

注释

［1］须臾：片刻，指极短的时间。

［2］湫（jiǎo）隘：低湿狭窄。湫，同“湫”。

［3］馆食：寄食。

［4］浇顿：浇灌费力。

［5］丰致：雅致。

［6］不伦：不相当。

［7］樽罍：原指酒器，这里指陶制花瓶。

［8］金屋：华美之屋。

［9］官、哥、象、定等窑：官窑，就广义而言，是有别民窑而专为官办的瓷窑，专为宫廷烧制瓷器。在宋朝瓷器中，官窑是一种专称，指北宋和南宋时在汴梁（今河南省开封市）和临安（今浙江省杭州市）由宫廷设的窑烧造青瓷，故又有“旧官”和“新官”之分，前者为北宋官窑，后者为南宋官窑。哥窑，又名“哥哥窑”“琉田窑”，是宋朝五大名窑之一，为宋朝人章生一在龙泉琉田创建的瓷窑；章生一的弟弟章生二在龙泉也有瓷窑，叫“弟窑”。象窑，宋朝、元朝著名的瓷窑，相传在今浙江省宁波市的象山，因此得名，所产瓷器以白瓷为主，以有蟹爪纹开片、色白滋润的为贵。定窑之瓷是中国传统制瓷工艺中的珍品，宋朝六大窑系之一，是继唐朝的邢窑白瓷之后兴起的一大瓷窑体系，主要在今河北省保定市曲阳县的涧磁村及东燕川村、西燕川村一带，因该地区在唐朝、宋朝属定州管辖，故名“定窑”。定窑原为民窑，北宋中后期开始烧造宫廷用瓷，以产白瓷著称，兼烧黑釉、酱釉和绿釉瓷，文献分别称其为“黑定”“紫定”和“绿定”。

［10］精舍：精致的房舍。

［11］觇：窥视，察看。

译文

我们这些人痴迷花木，本就不能离开花木片刻，如果住在低湿狭窄的地方，或者寄食他处，又能用什么来寄托情感呢？只有用花瓶插花，随时更换，放在书桌上，没有栽培、修剪、浇灌的疲敝之苦，却有端着酒杯欣赏新景的乐趣，也是让人愉快的事情。只要插花就一定要观察花瓶的大小高矮，花材应与它搭配得宜，不能太多也不能太少，品种不超过三种，高低、疏密、歪正、曲直，最好能像画作一般雅致。如果将枝和叶相对，红色和白色相配，和佛龛前供奉的花有什么区别呢？总而言之，插花要以高低有别为整齐，就好像擅长写作的人随心所欲地断句，不拘泥于对偶句式，只要意思表达出来了便不再赘述，这就是整齐。此外，一定要将花放在好的容器中，如果不做选择胡乱放置，就好像在低等的食肆酒馆接待重要的客人和珍贵的朋友，不免显得随意怠慢了，又怎么可能让贵客感到愉悦而开口大笑呢？铜器不局限于方形、圆形，陶制花瓶只以有砂斑的为上等品，这种花器得到了深厚地气的孕育，就算贮存水也不会变坏，花朵插在里面不仅不易凋谢，而且能够结出果实，可以称得上花的华美之屋。瓷器最忌讳带有青绿色花草和人物等图案，和花卉形成对比，干扰人们欣赏植物。如果得到官窑、哥窑、象窑、定窑等名窑制的瓷器，它们细腻、光润、洁白，暗花、胆式、槌形等各种款式的素烧花瓶，就是花的精致小屋。只是瓶花没有根和土，仅凭借一瓶水存活，如果养护得不得当，盛开的花难免容易枯萎，含苞待放的容易掉落花苞，花枝下垂，又怎能期望它们在花瓶中长出根须，在花枝上结出果实呢？这足以看出个人能力之强弱了。

牡丹[1] 御衣黄、玉天仙舞者，视同。

牡丹花：贮滚汤于小口瓶中，再投硫黄一块坠底，插花一二枝，紧塞口，则花叶俱荣[2]，三四日可玩。

注释

〔1〕《牡丹》摘自《遵生八笺·燕闲清赏笺（下）》。

〔2〕荣：草木茂盛。

译文

题注：御衣黄、玉天仙舞是同样的插瓶方法。

牡丹花：在小口花瓶中注入滚烫的热水，再投放一块硫黄使之沉到瓶底，插入一两枝牡丹花，紧紧塞住瓶口，那么花朵和叶片都会很繁盛，可以赏玩三四天。

芍药[1] 粉边杨絮、吐舌同。

法与牡丹同。若以蜜作水插之，则不悴，蜜亦不坏。

注释

〔1〕《芍药》摘自《遵生八笺·燕闲清赏笺（下）》。

译文

题注：粉边杨絮、吐舌是同样的插瓶方法。

插瓶方法和牡丹的相同。如果用蜂蜜水插花，花就不会枯萎，蜂蜜水也不会变质。

梅桃 腊梅、绿萼、宫粉及红白千瓣桃同。

折下花枝，将火烧其断头，使浆气归上。用天落水[1]或河池水入真石瓶插之，花开结果。

注释

〔1〕天落水：天空中直接落下的雨水或雪水。

译文

题注：蜡梅、绿萼、宫粉及红白千瓣桃是同样的插瓶方法。

折下花枝，用火烧其折断处，让它的汁液和元气回到枝头。将雨水、雪水或者河水灌入石瓶中插花，花枝会绽放花朵并且结果实。

海棠 铁梗、西府、垂丝同。

以清糟水贮瓶内，用纸壳糊封，气不外闻，将花枝插眼入瓶，花娇且久。

译文

题注：铁梗、西府、垂丝是同样的插瓶方法。

将清澈而未去渣的酒水贮存在瓶子里，用纸壳粘在瓶口上密封，让气味不会散发到外面，再用花枝在纸壳上穿一个眼后插入瓶中，花朵娇艳而且能维持很久。

山茶 宝珠、鹤顶、宝装成同。

亦以蜜插为妙。

译文

题注：宝珠、鹤顶、宝装成是同样的插瓶方法。

也是将蜂蜜水灌入瓶中用来插花为宜。

木樨、石榴、玉兰

亦以火燎断头，入天落水插之，近河以河水插之，切不可用井水。

译文

也用火烧折断处，在瓶中注入雨水或雪水用来插花，如果靠近河流就用河水，一定不能用井水。

荷花[1]

采将乱发缠缚折处，仍以泥封其窍。先入瓶中，至底后灌以水，不令入窍，窍中进水则易败。

注释

[1]《荷花》摘自《遵生八笺·燕闲清赏笺（下）》。

译文

采摘荷花以后，拿一束散乱的头发缠绕捆缚花枝折断之处，并用泥土封住折断处的孔。将花枝先插入瓶子里，抵住瓶底后将水灌入瓶中，不让水进入花枝的孔中，孔中一旦进水荷花就容易凋败。

秋海棠

以薄荷包根，土水养花，开至现斗而止。

译文

用薄荷包住根部，用土和水培养花枝，等花朵呈现斗形就不再用土、水养了。

玫瑰、蔷薇、荼蘼

贮插用蜜，与芍药同。

译文

将蜂蜜水放入瓶中用于插花，和芍药的插花方法相同。

栀子

将折下枝根捶碎，擦盐，入水插之，则花不黄，□□成栀子。初冬折插赤色，俨若花蕊，可观。

译文

将采摘下来的花枝底部捶碎，用盐涂抹，插入有水的瓶中，这样花朵就不会发黄，□□成栀子。初冬的时候折枝插瓶，花朵呈红色，好像花蕊一样，很值得观赏。

芙蓉

贮插与木樨同法。

译文

贮存、插瓶的方法和木樨相同。

菊、葵

用滚汤贮瓶，插下，塞口，则不憔悴，可观。

译文

将滚烫的水置于瓶中，插花，塞住瓶口，花就不会枯萎，值得观赏。

慈菰、蘋花、朱砂蓼

三种皆有根，以泥贮半瓶，入水种之，花尽犹生。

译文

三种花枝都会生根，用泥填满半个花瓶，在瓶中注水以培育花枝，花朵凋谢了还可以再生长。

吉祥草、牛皮兰

二种不可同瓶，每种插瓶必三五柯。以干润紫华灵芝，用锡管作梗插于中，经岁可玩，有仙家风味。五色鸡冠插亦耐久。

译文

这两种花不能插在同一个花瓶中，插入花瓶时每种花一定要有三五枝。将干燥而光润的紫色灵芝以锡管为花梗插于其中，可以赏玩一整年，很有仙家的风韵。将五色鸡冠花插于其中也能维持很久。

宜爱护

夏则日收夜露，冬则暖房[1]蔽风；入冰可以解暑，投磺可以却冻。

注释

〔1〕暖房：温暖的屋内。

译文

夏季于白天收集夜晚凝结的露水，冬季就将植物收到温暖的屋内遮挡寒风；加入冰可以消解暑气，放入硫黄可以去除寒冻。

忌熏触

赏花每以茶酒，切不可以酒壶置花傍，令其熏蒸，花必改容不鲜。至于香气、灯烟皆足杀花，而煤火更最当远避之。北方风尘极甚，窗必纱，户必幔，而后可。惟有俗客看以手捻，主人不便阻遏，殊为痛心。

译文

每次赏花喝酒饮茶之时，一定不要将酒壶放置在花枝旁边，让花被酒气、茶香熏蒸，否则花朵的容貌一定会改变而不再新鲜。至于香料的气味、照明器具产生的烟气都可以让花朵凋零，而煤火就更应该远远地避开了。北方狂风沙尘很严重，窗户一定要有窗纱，门一定要有帘幕，这样才算完备。只有庸俗看客赏花时会用手搓转花枝，主人又不方便阻止，特别痛心。

总评

语云："识人多处是非多。"明乎！人心不古[1]，未若寡交之为愈也。今《培花》一书将见人之欢颜笑口、腹剑□□，何如花容艳雅出自天然，毫无矫饰之我欺也？渴得水则叶翠，瘠得肥则花茂，不比人之欢心难结而毒念之难回也。诗赏酒赏一任主人之便，亦未尝因无赏鉴少为改色，而辄祸福于其人也。因是沉情花竹，概绝交游，又何是非之有哉？可见渊明之于菊，茂叔[2]之于莲，非真有所癖好也，亦不过见事不可为，一取菊有傲霜独秀之节，一取莲有出泥不染之操，各藉以昭其不群之志耳。读是集者谅自鉴悉焉。

知翁再识

注释

〔1〕人心不古：人心奸诈、刻薄，没有古人淳厚。出自清朝李汝珍《镜花缘》第五十五回：“奈近来人心不古，都尚奢华。”

〔2〕茂叔：《爱莲说》作者，北宋学者周敦颐的字。

译文

古人说，熟人多的地方是非就多。多么明智啊！现在的人没有古人淳厚了，不如少交朋友为好。如今《培花奥诀录》一书即将面市，人们的欢颜笑语、腹诽□□，怎么比得上花朵那天生娇艳、优雅的容颜，又怎能和它们一样丝毫不会矫揉造作欺骗我呢？植物干渴的时候，只要浇水叶片就会变得翠绿；土壤贫瘠的时候，只要施肥花朵就会生得繁茂，不像人不仅难结欢心且恶毒的念头更是难以消解。赏诗、品酒全随主人的方便，也从不会因为缺少可供赏鉴之物就改变神色，降祸或造福于人。于是沉迷于花木，谢绝交友出游，又怎么还会有是非纠纷呢？由此可知陶渊明对菊花，周敦颐对莲花，并不是真的痴爱，也不过是发现有些事情不能做，于是一个寄情于菊花不畏霜雪、兀自开放的品格，一个借助莲花出淤泥而不染的情操，来彰显自己不同流合污的志向罢了。读这本书的人应该能品鉴其中的深意。

知翁再题

附鱼鸟虫三种

鱼

辨形色

金鱼先选籀[1]尾，次看颜色。尾须硬，有丫茨[2]，金籀要明亮又须平直如扇样为上，肉籀撮尾并脊茨满棚则下也。至于头大身削皆因失养，尾勾有疱[3]又系喂养太急。惟肚如箕形、口秃脑阔者便是母鱼，而嘴尖腹直者则为公鱼，未可误为轩轾[4]也。其名之最者有红炉点雪、六翅红、雪里梅、鹤顶红、遍身金、金船银桨、锦被盖牙床，更以花鱼点数合三十二尾，凑成骨牌[5]一付者，亦有以六尾合成一骰[6]数者，俱皆好事辈因其形色命名。标奇要亦造物之妙，吾辈不可不目击而心赏也。

注释

〔1〕箍：紧紧套在东西外面的圈。

〔2〕茨：刺。

〔3〕疱：皮肤上起的水泡或脓包。

〔4〕轩轾（zhì）：车前高后低为轩，车前低后高为轾，喻指高低、优势。出自《诗·小雅·六月》："戎车既安，如轩如轾。"

〔5〕骨牌：娱乐用具，用骨头、象牙、竹子或乌木制成，每副32张，每张刻有2～12个点数。

〔6〕骰（tóu）：骰子，赌具，用象牙或兽骨做成正方体，六面分别刻有1～6个点数，掷之盘中以决胜负。

译文

金鱼要先选尾部的圈，再看颜色。尾巴必须要硬且生有倒刺，金色套圈要明亮且平整笔直，外形像扇子的是上品；肉圈束尾并且脊背长满刺的就是下品。脑袋大、身体瘦削是因为养分不足；尾部弯曲且生有水泡是喂养得太过急切导致的。肚子像簸箕，嘴部平秃，脑袋宽方的是母鱼；嘴部尖，腹部平直的是公鱼，不能将此误认为是评价鱼之优劣的标准。金鱼的名字中最好的有红炉点雪、六翅红、雪里梅、鹤顶红、遍身金、金船银桨、锦被盖牙床；还有人用三十二条花鱼身上的点数凑成了一副骨牌；也有人用六条花鱼凑成了骰子，这都是人们根据鱼的外形和颜色为其起的名字。鱼的奇特之处也正彰显了大自然的奇妙，我们不能不亲眼看看，用心赏玩。

喂养

养金鱼以池沼易活，盖水土相宜，萍藻易茂，鱼适其性故耳。切不可植以莲菱，则必绊碍损鱼也。但鱼近土气则色不深红，惟以大缸深埋为妙。入夏则喂以沙虫，每十尾日饲一瓯，无虫则以无油盐蒸饼饲之，不可太多，恐喂猛有勾尾疱瘰之病。至以鸡鸭卵黄，不独中寒无子，且能坏鱼。惟以细尾小草用泥合根须坠缸底，生长不绝，鱼饥则就食，饱则穿游自适，且冬可御寒，又免猛喂诸病，亦省换水之劳。但草必以稀眼竹篱隔聚一边，不可令其沿蔓一缸，则鱼蔽塞不舒，必致戕生〔1〕。

注释

〔1〕戕生：伤害生命。

译文

金鱼以池塘养殖容易成活，因为水土适宜，浮萍和水藻生长得繁茂，金鱼也更能适应这种环境。池中一定不可以种植莲花和菱，否则会阻碍金鱼游动，让其受伤。只要金鱼靠近地气，颜色就不会呈现出深红色，只有用大缸深埋泥土，再用以养鱼才好。入夏后用

〔清〕虚谷

沙虫喂养，每十尾鱼每天喂一小盆虫，如果没有虫子就用没有放油盐的蒸饼喂养，不能投食太多，怕金鱼会生勾尾、长水泡。至于用鸡蛋、鸭蛋的蛋黄喂养，不仅会使金鱼体寒不能产卵，还会让鱼死掉。将末梢较细的水草用泥土包裹根须置于缸底，让其不断生长，鱼饿了就吃水草，吃饱了就在水草中自由穿行，如此，冬天可以为鱼抵御严寒，又能避免喂养过度产生的各种疾病，还能省去换水的辛劳。只是水草一定要用稀疏的竹篱阻隔在一侧，不能让其蔓延生长占满整个水缸，否则会让金鱼游动受阻，不能舒展，导致金鱼死掉。

治疗

橄榄、肥皂及诸色油入水皆能为害，石灰、盐卤、鸽粪、自粪及杨花入口皆令鱼翻白，急以溺浇水面，随以新水易之。其甚者捣碎芭蕉叶、根及以新砖投圊[1]中饮足入缸，即解鱼瘦生虱；身有白点则用白杨或用丹枫[2]皮投缸内亦愈。过冬缸面以竹作井字盖，上加草苫[3]，晴爽去之，亦须间接霜雪些须，则鱼过岁无疾。

注释

〔1〕圊：茅厕，厕所。

〔2〕丹枫：经霜泛红的枫叶。

〔3〕草苫：用草编成的遮盖物。

译文

橄榄、肥皂以及各种颜色的油掉进水中都会带来危害，石灰、盐卤、鸽粪、鱼粪和杨花被吃入口中都能让鱼翻肚皮，此时，应赶快用尿液浇淋水面，然后用新水更换旧水。此外，将捣碎的芭蕉叶、根以及新砖投进茅厕吸水，吸饱后置入缸中，可以立即消除鱼瘦小、长虱子的问题；鱼身上长白点，就将白杨或者红枫的树皮投进缸中，鱼也会痊愈。过冬的时候，用竹子做成井字形盖子盖在缸口上，加上草垫，天气晴朗时移除，间或接一些霜雪，这样一来，鱼一年都不会有疾病。

摆子

鱼生多在谷雨[1]后，必乘雨露而生，只看公母咬赶，即其候也。咬罢鱼子跌尽，若不即时捡择，恐为他鱼所食。速取草映日[2]视之，其上如粟米大、色如水晶青绿者是真子，若死白者则寡子也。将草另置一缸，止用二三寸水，安放微有树阴处晒之，不见日不出，日烈亦不出。此养苗法。

注释

〔1〕谷雨：二十四节气的第六个节气，也是春季的最后一个节气，每年4月20日前后到来，是播种移苗、掩瓜点豆的最佳时节，源自古人“雨生百谷”之说。“清明断雪，谷雨断霜”，气象专家认为谷雨节气的到来意味着寒潮天气基本结束，气温回升加快，大大有利于谷类农作物的生长。

〔2〕映日：映照着太阳。

译文

鱼一般在谷雨后产卵，趁着有雨露时，只要看见公鱼、母鱼相互噬咬追赶就是产卵的时候了。产完后，鱼卵会全部掉落到水草上，如果不马上拾起挑选，恐怕会被其他的鱼吃掉。迅速拾起水草迎着阳光察看，水草上面如粟米一般大，像水晶且呈青绿色的是真鱼卵，如果是惨白的就是假鱼卵。将水草放在另一个缸内，加入两三寸深的水，放在稍微有一点树荫的地方晒着，看不见太阳不放出去，烈日当空也不放出去。这就是培育鱼苗的方法。

鸟

鹦鹉

绿衣红嘴，形色已足雅观，况能人语，更为羽毛中之奇异者。教法：每夜收挂房内，以一绳系架引缚床头，至五更时扯绳令其醒，则教以人言，必其首句应声，肖熟而后再教次句，日习既久，即诗歌皆能。惟雄为妙，雌多不轻言。若辨雄，头有额，胸有圃，夜以手入笼不咬人者便是。养法：用绿豆水泡胀喂之，瓜子、谷亦可间饲。夏月用喷壶贮水喷之，不惟解热，更去灰尘，毛色鲜明。若嘴黑不转，以红花子喂之。切不可近厨房并灯油气，熏触必坏。

译文

鹦鹉有绿色的羽毛和红色的嘴巴，形态、颜色已经非常不俗了，更何况能说人话，是鸟类中非常奇特的品种。教授说话的方法：每天晚上收取鹦鹉于屋内，用一根绳子系在架子上并将其牵引捆绑在床头，在五更时拉扯绳子让它醒过来，教它说人话，一定要在它说第一句话时应答，等它学得像并且熟练之后再教授第二句，每天练习，时间久了，就连诗歌都会了。只有雄鸟有这种妙趣，雌鸟大多不轻易开口说话。如果要分辨雄鸟，额头和胸脯突出，且夜晚有手伸进笼子也不会啄咬的就是了。喂养的方法：将绿豆用水泡鼓胀后喂养，也可以用瓜子、谷粒交替喂养。夏天将喷壶里装上水为其喷洗，不仅能消解暑气而且可以去除灰尘，让羽毛的颜色鲜艳亮丽。如果嘴巴发黑且不灵活，就用红花子喂它。一定不能让鹦鹉靠近厨房和灯油，被熏或者触碰到会带来不好的影响。

画眉

声音清韵[1]，令人听之快心，但其性最急，每以闯笼破鼻而毙。养者以窝雏与伏草为上，穿枝次之，盖取其乳稚易驯也。以雄为上，雌次之。雌嘴上下两齐，雄嘴上稍长，若嘴有湾峰下垂如莺鸽者，不可多得。其评品之法有云："身似葫芦嘴似钉，头要圆小尾要轻。眉断终不叫，头方性不纯。"又云："嘴直眉湾，叫过千山；眉湾嘴跻[2]，养死不叫。"此其大略也。其羽毛以青紫为上，眼以大绿为上，红赤金黄俱性急闯笼。嘴如象牙色，头平小如鳅样，脚要高，黄如牛觔[3]色，颈毛要薄，有此定知能鸣。至于声音巧妙更关于眉须，极白极长，或粗或细，俱要无杂毛间断。更有眉粗而短、直竖如鹿角者，其声亦巧而宏，但闯笼难养耳。其喂养之法：用极熟米合班鸠[4]、鸽子蛋黄晒干喂之；欲壮膘，则以生狗肉、□肉、鼠肉、鳝鱼头喂之，更以捶碎沙石饲之，则糙□不生病；水须河水或以池塘涧水，草虫惟蚱蜢可食。又每日中午时以盆贮清水，令鹊浴洗，不惟不生虱且羽毛更鲜。鹊笼不可不精，须形如鸡心，□以朱红，内置大小跳挡各一根，天竹为上，木通次之，取其树皮软柔不梗，鹊脚又冬暖而夏凉也。食窠须白磁与深青如柿形者为上，抹嘴石以羊□石为上。鹊笼宜置见风露处，或花下，或窗前檐下，取其远烟尘有山林适性意也。如蚊胜宜用薄纱帐遮蔽，如隆冬宜用布帐护盖，庶免寒暑之虞[5]，此又因时调养法也。

注释

〔1〕韵：和谐悦耳的声音。

〔2〕既（jiǎo）：高傲不屈。

〔3〕觔：同"筋"，指肌腱或骨头上的韧带。

〔4〕班鸠：斑鸠。

〔5〕虞：忧虑，担心。

译文

画眉声音清雅悦耳，人听到后心里很愉快，只是它的性子最急，常常因为撞笼子撞破鼻子而死。饲养的人视窝雏画眉和伏草画眉为上等，穿枝画眉稍逊，大概是因为这些品种的雏鸟容易驯服。以雄鸟为上等，雌鸟次之。雌鸟嘴巴上下部平齐，雄鸟嘴巴上部稍长一点，如果嘴巴有像莺鸽一样向下的弯勾，是很难得的品种。品评画眉的方法中说，身体像葫芦，嘴巴像钉子，头又圆又小，尾巴要轻盈。眉毛断开的始终不会叫，脑袋呈方形的品性不纯良。又说，嘴巴直而眉毛弯的，叫声可越过千山；眉毛弯而嘴巴高的，到死也不会叫。这都是大致的说法。其羽毛以青紫色的为上品，眼睛以大而绿的为上品，赤红、金黄的性情急躁，爱撞笼。嘴巴呈象牙色，脑袋像泥鳅一样又平又小，脚又高又黄，像牛筋的颜色一般，颈部的毛稀薄，有以上这些特点的就知道能够鸣叫。至于声音的精巧绝妙与鸟的眉须更有关联，眉须要非常白且非常长，或粗或细，没有杂毛且无间断。更有眉毛又粗又短，笔直竖立像鹿角一般的画眉，它的声音也美妙洪亮，只是喜欢撞笼，很难养活。画眉的喂养方法：用熟透的米混合斑鸠蛋、鸽子蛋的蛋黄，晒干喂画眉。想要画眉膘肥体壮，就要用生狗肉、□肉、鼠肉、鳝鱼头来喂养，还要将沙石捣碎了喂养，这样一来，画眉就会保持强壮不生病。水必须用河水或者池塘、山涧的水，虫子只有蚱蜢可供食用。每天中午用盆子装清水让画眉洗浴，画眉不仅不会长虱子，羽毛也会更加艳丽。鸟笼不可以不精致，形状要像鸡心，涂上红色，里面放置一大一小两根跳杆，最好是用天竹做的，木通次之，选择柔软不硬的树皮，这样画眉的脚就会冬暖夏凉。食槽必须是白瓷或深色青瓷做的，形状像柿子的最好，抹嘴石用羊□石最佳，鸟笼最好放在能够经风受露的地方，要么是植物之下，要么是窗前屋檐下，主要看中这些地方远离烟尘且有山林气息，能顺应画眉的性情心意。如果蚊子多，适宜用薄纱帐遮挡庇护；如果是寒冬，最好用布帐幕掩护遮盖，以免除对严寒酷暑的担忧，这也是依据时节调理养护画眉的方法。

虫

促织[1]

生于草土者，其身软；生于砖石者，其体刚；生于浅草瘠土砖石向阳之地者，其性劣。其色白不如黑，黑不如赤，赤不如黄，黄不如青，惟有白麻头、青颈、金翅、金银系额上也，黄麻头次也，紫金黑色又其次也。其形以头颈肥、脚腿长、身背阔者为上，头尖、项紧、脚瘦、腿薄者为下。虫病有四，一仰面，二卷须，三练牙，四踢腿，若犯其一，皆不可用。其名色有白牙青、拖肚黄、红头紫、狗绳黄、锦蓑衣、肉锄头、金束带、齐膂[2]翅、琵琶翅、青金翅、紫金翅、乌头金翅、油纸灯、三段锦、红铃月、额头香、色肩铃之类甚多，不可尽载。

注释

〔1〕促织：蟋蟀的别名。《促织》摘自明朝袁宏道《促织志》

〔2〕膂（lǚ）：脊梁骨。

译文

生长在草土中的蟋蟀身体柔软，生长在砖石中的身体刚硬，生长在浅草、土壤贫瘠、砖石朝阳的环境中的本性恶劣。蟋蟀白色的比不上黑色的，黑色的比不上红色的，红色的比不上黄色的，黄色的比不上青色的，只有头部长有白色麻子，生有青色颈部、金色翅膀，并且额头上有金、银两色点缀的是上品，头上长有黄色麻子的次之，紫金黑色的更次之。从形态来说，头颈肥大、腿脚长、身体背部宽阔的是上品，脑袋尖、脖子紧缩、脚瘦腿薄的是下品。虫子的病有四种，一种是仰面，一种是卷须，一种是练牙，一种是踢腿，如果得了其中任何一种病都不能再使用了。蟋蟀的名字有白牙青、拖肚黄、红头紫、狗绳黄、锦蓑衣、肉锄头、金束带、齐膂翅，琵琶翅、青金翅、紫金翅、乌头金翅、油纸灯、三段锦、红铃月、额头香、色肩铃等，这里不能详细列举完。

蚱蜢[1]

一名青聒，一名纺线娘，身较促织更肥大，声音亦与促织相似而清韵过之，凄声彻夜，酸楚异常，俗耳为之一清。

注释

〔1〕《蚱蜢》部分文字摘自《促织志》。

译文

蚱蜢别称“青聒”，又名“纺线娘”，身形与促织相比更加肥硕，声音和促织相似，但更加清雅悦耳，凄凉的声音整个夜晚都在回响，苦楚悲痛，世俗之人听到后感到清新脱俗。

金钟儿

形状亦微类促织，而声音韵致[1]悠飏如金玉[2]中出，温和亮彻，听之令人气平。但暗则鸣，遇明则止。

注释

〔1〕韵致：气韵情致。
〔2〕金玉：黄金与玉石。

译文

形状也有一点儿像促织，但是声音中的气韵情致悠扬，好像从黄金和玉石中生出来的一般，温和、通透、洪亮，让人听到就内心平和。只有在光线黯淡之处才鸣叫，遇到光亮就会停止。

喂养

纺线与金钟食以绿□花及瓜穰[1]最宜。若促织用鳜鱼、茭肉、芦根虫、断节虫、扁担虫、煮熟栗子、黄米饭皆可食也。

注释

〔1〕穰：通“瓤”，果类的肉。

译文

蚱蜢和金钟儿以绿□花和瓜瓤喂食最适合。如果养促织，可以用鳜鱼、茭白、芦根虫、断节虫、扁担虫、煮熟的栗子、黄米饭喂食。

治疗[1]

嚼牙[2]用带血蚊虫；内热用豆芽尖叶；落胎粪结用虾婆[3]；头昏川芎茶浴；咬伤用童便、蚯蚓粪调和，点其疮口即可疗愈。

注释

〔1〕《治疗》摘自《促织志》。

〔2〕嚼牙：磨牙。

〔3〕虾婆：又叫“虾婆婆”“爬虾”“皮皮虾”，学名口虾蛄。

译文

磨牙用带血的蚊虫喂养；上火用豆芽尖叶喂养；产卵后便秘就用口虾蛄喂养；头昏用川芎茶为其洗浴；被咬伤了用孩童的粪便和蚯蚓粪便混合调配，点在它的疮口就可以疗愈了。

后集

赏花幽趣录 下卷

〔清〕恽寿平

百卉园，坠天花

判断入微，真花知己。

坠天花者，盖云祖师说法天花乱坠[1]之意也。余既沉情花竹，日惟与二三同好往来交游，所乐无非花景，所谈无非花事，述古证今，或判花容，或评花态，竟以蕊宫董狐[2]作华林之《春秋》久已。帙就，今一展观，万芳罗列，班班夺目且妙议纷纷，何啻说法？遂名《坠天花》。

注释

〔1〕天花乱坠：相传南梁梁武帝时遇云光法师讲经，感动了上天，天上的花纷纷掉落下来。

〔2〕蕊宫董狐：蕊宫，蕊珠宫的简称，道教传说中的仙宫。董狐，春秋时晋国敢于秉笔直书的正直史官。

译文

题注：判断细致，是真正的花之知己。

这里说的坠天花指的是梁武帝时云光法师讲经引来天上的花纷纷掉落之意。我早已痴情于花木，每天只是和两三个有相同爱好的人来往、交游，所爱的都是花木之景，谈论的都是与花有关的事情，我们谈古论今，有时评判花的容颜，有时品评花的姿态，竟然已经自比仙宫的史官董狐创作华林园的《春秋》之史了。如今书卷已经完成，现在一一展示以供阅览，其中罗列了各种花木，个个光彩夺目且绝妙的评议众多，哪里比不过云光法师讲经呢？于是命名为《坠天花》。

甄别花榭[1]

欧阳公《示谢道人种花诗》①云："深红浅白宜相间，先后仍须次第栽，我欲四时携酒赏，莫教一日不花开。"山人家得地不广，开径怡闲，宜择卉栽植，特为甄别，以听去取。《牡丹谱》内数多佳本，遇目亦少。大红如山茶、石榴色者，寓形于画图有之，托形于土壤则未之见也，他如状元红、王家红、小桃红，云容[2]露湿，飞燕[3]新妆；茄紫香、紫胭脂、泼墨紫，国色烟笼，玉环沉醉；尺素、白剪绒，水晶帘卷，月露生香；御衣黄、舞青霓、一捻红、绿蝴蝶，玳瑁□开，朝霞散彩。芍药如金带围、瑞莲红、冠群芳，衣紫涂朱，容闲红拂；千叶白、玉逍遥、舞霓白、玉盘盂，腻云软玉，色艳绿珠；粉绣毬、紫绣毬，欢团霞脸，次第妆新；碧桃、单瓣白桃，潇洒霜姿，后先态雅；垂丝海棠、铁梗海棠、西府海棠、木瓜海棠、白海棠，含烟照水，风韵撩人；玉兰花、辛夷花，素艳清香，芳鲜夺目；千瓣粉桃、绯桃、大红单瓣桃，玄都异种，未识刘郎；大红重台石榴、千瓣白榴、千瓣鹅黄榴、单瓣白粉二色榴，西域别枝，堪惊博望；紫薇、粉红薇、白薇，紫禁漏长，卧延凉月；金枝月桂，广寒高冷，云外香风；照水梅、绿萼梅、玉蝶梅、磬口腊梅，月瘦烟横，腾吟孤屿；粉红山茶、千瓣白山茶、大红滇茶、玛瑙山茶、宝珠鹤顶山茶，霞蒸云酿，沉醉中山；大红槿、白槿，残秋几朵，林外孤芳；茶梅花、茗花，冷月一□，□□□□□□□皆名品，植之园林台榭，表□□□□□□□□□比伦者也。若夫幽兰、建兰□□□□□□□□□□丹、剪秋罗、二色鸡冠、黄莲、□□□□□□□□□□白月季花、大红佛桑、台莲、□□□□□□水仙花、黄萱花、黄蔷薇，菊之紫□□□□□□芍药、银芍药、金芍药、蜜芍药、宝相、鱼子□□□蒲花、夜合花，以上数种，色态幽间，丰标雅淡，可堪盆架高斋，日共琴书清赏者也。再如百合花、五色戎葵、白鸡冠、矮鸡冠、洒金凤仙花、四面莲、迎春、金雀、素馨、山矾、红山丹、白花荪、紫花荪、吉祥草花、福建小栀子花、黄蝴蝶、鹿葱、剪春罗、夏罗、番山丹、水木樨、闹阳花、石竹、五色罂粟、黄白杜鹃、黄玫瑰、黄白紫三色佛桑、金沙罗、金宝相、丽春、紫心木香、黄木香、荼蘼、间间红、十姊妹、铃儿花、凌霄、虞美人、蝴蝶、满园春、含笑花、紫花儿、玉簪、锦被堆、双鸢菊、老少年、雁来红、十样锦、秋葵、醉芙蓉、大红芙蓉、玉芙蓉、各种菊花（甘菊花）、金边丁香、紫白丁香、萱草、千瓣水仙、紫白大红各种凤仙、金钵盂、锦带花、茄花、拒霜花、金茎花、红豆花、火石榴、指甲花、石岩花、牵牛花、淡竹花、蓂荚花、木清花、真珠花、木瓜花、滴露花、紫罗兰、红麦、番椒、菉豆花，以上数种，香色□繁，□采各半，要皆栏槛春风，共逞四时[4]妆点者也。递而金丝桃、鼓子花、秋牡丹、缠枝牡丹、四季小白花（又名接骨草）、史君子花、金荳花、金钱花、红白郁李花、缫丝花、茑□花、扫帚鸡冠花、菊之满天星、枸杞花、虎茨花、慈姑花、金灯、银灯、羊踯躅、金莲、千瓣银莲、金灯笼、各种药花、黄花儿、散水花、槿树花、白荳花、万年青花、孩儿菊花、缠枝莲、白蘋花、红蓼花、石蝉花，以上数种，铅华[5]粗具，姿度未闲，置之篱落池畔，可□□□□缺者也。各卉皆造物化机撩人春色，□□□□□有栽植园林以快一时心，目无□□□□□□□□。

校勘

① 《示谢道人种花诗》：一说应为《谢判官幽谷种花》"浅深红白宜相间，先后仍须次第栽。我欲四时携酒去，莫教一日不花开"，二者略有出入，疑在流传过程中产生了不同版本。

注释

〔1〕《甄别花榭》部分文字摘自《遵生八笺·起居安乐笺（上）》。

〔2〕云容：比喻淡雅、飘逸的容貌。

〔3〕飞燕：指汉成帝赵皇后。《汉书·外戚传下·孝成赵皇后》："孝成赵皇后，本长安宫人，……学歌舞，号曰飞燕。"唐朝李白《清平调·其二》："借问汉宫谁得似，可怜飞燕倚新妆。"

〔4〕四时：四季。

〔5〕铅华：铅粉，用于涂面的化妆品。此处指花卉姣好的容貌。

译文

欧阳修在《示谢道人种花诗》中写道："深红浅白宜相间，先后仍须次第栽，我欲四时携酒赏，莫教一日不花开。"隐居深山的人拥有的土地并不宽广，在山坡上找一块地怡悦闲情，适合有选择地栽种花卉，特以此文为其甄别，助其决定对花卉的取舍。《牡丹谱》中有很多好的花木，平时真正能看到的却很少。像山茶和石榴等大红色的花，不少被寄形于画作中，栽培在土壤中的却不曾见过。其他的像状元红、王家红、小桃红，那淡雅的容貌被露水沾湿，像赵飞燕画上了新妆；茄紫香、紫胭脂、泼墨紫，朦胧缥缈、国色天香，像杨玉环沉醉娇憨的模样；尺素、白剪绒，水晶帘卷起，迎着月色隐约有暗香浮动；御衣黄、舞青霓、一捻红、绿蝴蝶，玳瑁□开，如朝霞流光溢彩。芍药如金带围、瑞莲红、冠群芳，紫色的衣裳外又染上红色，姿容娴雅；千叶白、玉逍遥、舞霓白、玉盘盂，像细腻的云朵、温软的玉石，颜色艳丽、青翠如珠玉；粉绣球、紫绣球，一团团如彩霞，依次上了新妆；碧桃、单瓣白桃，经霜后超逸脱俗，仪态清雅；垂丝海棠、铁梗海棠、西府海棠、木瓜海棠、白海棠，笼着青烟映照水面，风韵让人心动不已；玉兰花、辛夷花，素雅高洁不失芳华，香气清幽、沁人心脾；千瓣粉桃、绯桃、大红单瓣桃都是珍奇的品种，刘禹锡也不认识；大红重瓣石榴、千瓣白榴、千瓣鹅黄榴、单瓣二色榴（白色、粉色）来自西域，让人惊艳；紫薇、粉红薇、白薇从紫禁城中传出，卧躺邀约凉月；金枝月桂生长在又高又寒冷的广寒宫，云彩之外隐隐有香风弥漫；照水梅、绿萼梅、玉蝶梅、磬口蜡梅，于月色朦胧、云雾缭绕之时，在孤岛上行吟；粉红山茶、千瓣白山茶、大红滇茶、玛瑙山茶、宝珠鹤顶山茶，在云霞蒸腾中酿造而成，让人久久沉醉；大红槿、白槿，在萧瑟的秋天盛开几朵，于林外独展芳华；茶梅花、茗花，冷月一□，□□□□□□□□都是有名的品种，种植在园林亭台楼阁中，抒发□□□□□□□□□□□相比的呀！幽兰、建兰□□□□□□□□□□□丹、剪秋罗、二色鸡冠、黄莲花、□□□□□□□□□□□白月季花、大红扶桑、台莲、□□□□□□□水仙花、黄萱花、黄蔷薇，菊之紫□□□□□□□芍药、银芍药、金芍药、蜜芍药、宝相、鱼子□□□蒲花、夜合花，以上数种，颜色深幽、姿态闲适、枝繁叶茂、仪态淡雅，可以种植在花盆中，放在书房的架子上，每天和琴、书一起供雅士赏玩。再如百合花、五色戎葵、白鸡冠、矮鸡冠、洒金凤仙花、四面莲、迎春、金雀、素馨、山矾、红山丹、白花荪、紫花荪、吉祥草花、福建小栀子花、黄蝴蝶、鹿葱、剪春罗、夏罗、番山丹、水木樨、闹阳花、石竹、五色罂粟、黄杜鹃、白杜鹃、黄玫瑰、三色扶桑（黄色、白色、紫色）、金沙罗、金宝相、丽春、紫心木香、黄木香、茶蘼、间间红、十姊妹、铃儿花、凌霄、虞美人、蝴蝶、满园春、含笑花、紫花儿、玉簪、锦被堆、双鸾菊、老少年、雁来红、十样锦、秋葵、醉芙蓉、大红芙蓉、玉芙蓉、各种菊花（甘菊花）、金边丁香、紫丁香、白丁香、萱草、千瓣水仙、各种凤仙（紫色、白色、大红色）、金钵盂、锦带花、茄花、拒霜花、金茎花、红豆花、火石榴、指甲花、石岩花、牵牛花、淡竹花、蓂荚花、木清花、珍珠花、木瓜花、滴露花、紫罗兰、红麦、番椒、绿豆花，以上数种，香气颜色□□繁多，□□光彩各不相让，都要凭栏依靠春风，一起展示四季之美。还有金丝桃、鼓子花、秋牡丹、缠枝牡丹、四季小白花（又名接骨草）、史君子花、金豆花、金钱花、红郁李花、白郁李花、缫丝花、莴□花、扫帚鸡冠花、菊之满天星、枸杞花、虎茨花、慈姑花、金灯、银灯、羊踯躅、金莲、千瓣银莲、金灯笼、各种药花、黄花儿、散水花、槿树花、白豆花、万年青花、孩儿菊花、缠枝莲、白蘋花、红蓼花、石蝉花，以上数种，大略具备美好的容貌，姿态不凡，培植在篱笆间或池畔可以填补□□□□的缺失。花卉是大自然创造出来，用于打造这让人心动的春景的，□□□□□有栽植园林，让人心情一时畅快，目无□□□□□□□□。

评论群芳 止就名雅而易见者录之，他卉不及。

译文

题注：仅收录了知名、雅致且常见的花，其他花卉暂且不涉及。

〔清〕恽寿平

牡丹

国色天香，擅号花王，峙以沉香亭[1]，护以百宝栏。原自珍重，其一昼夜三易陈色，所以忠君也，再生一捻红，又所以奉后也。虽见摈于明皇，自古忠臣，谁不有此，何足短之？至于被弃韩弘[2]，虽遭逢之不偶，亦红颜多薄命也。

注释

〔1〕沉香亭：出自唐朝李白《清平调·其三》“名花倾国两相欢，长得君王带笑看。解释春风无限恨，沉香亭北倚阑干”，此处以沉香亭突显牡丹之美。

〔2〕被弃韩弘：唐宪宗元和年间，韩弘罢宣武节度使，回到自己在长安的私宅时，见宅内种了牡丹，便命人将其除去，认为只有妇孺之辈才喜欢这种花，当时人们都为牡丹感到惋惜。

译文

牡丹花国色天香，有“花王”之称，种植在沉香亭中，用百宝栏围起来保护。牡丹本来就自珍自重，一日之内会改变三次颜色，竭心忠于君王，后来出现了一捻红这个品种，又可以献给后妃。虽然被唐玄宗摈弃，但自古忠臣谁不是这样，又何必说它不好呢？至于被韩弘嫌弃之事，虽然无法投其所好，也只能感慨美好之物大多命途多舛了。

芍药

称芍药为花相，品綦[1]贵矣，何多逞媚态，惹士女来相谑乎？□赏流风，终难变俗。□君家草木二本，木本者竟为花王所冒，必从而嫔之，万花会中为之短气。

花名可离，故将别赠之。送春南浦[2]，诸卉失芳，何不先放一枝以壮行色？

牡丹称王，此足当相矣，其在伯仲之间乎？然比之繁华稍逊而斌媚过之。吾宁取其媚者，如富贵人略有风流趣，吾亦喜与游也。

注释

〔1〕綦（qí）：极。

〔2〕送春南浦：出自南北朝江淹《别赋》“下有芍药之诗，佳人之歌，桑中卫女，上宫陈娥。春草碧色，春水渌波，送君南浦，伤如之何”，在此文中指送别之意。

译文

将芍药称为花中宰相，其品性也是非常高贵的，但怎么常展现出一种娇媚姿态，惹得男男女女戏谑呢？□赏的风度仪表，终究难以变得平庸。□君家中有草本和木本两种芍药，木本的竟然是牡丹假冒的，然而芍药一定要臣服于花王（牡丹），万花会上都会为它难过。

芍药也叫“可离”，因此常在将要与人分别时会赠送芍药。暮春，各种花卉都失去了芳华，何不先绽放一枝芍药，为辞行之人送别呢？

牡丹被称为“花王”，芍药足以担当宰相，它们二者应是不相上下的吧？不过相比之下，芍药的华美之感稍弱于牡丹，但妩媚之态则略胜一筹。我宁可选择妩媚的芍药，就像那些有风度的富贵之人，我也喜欢和他们交游。

〔清〕恽寿平

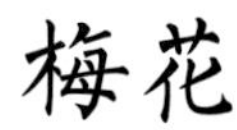

梅花

当岁寒时，万卉失色，彼挺然独秀。昔人有喻为将军鏖战，未免过于粗；比为美人式妆，又涉于□；实有如洁士傲世，夷齐[1]之流亚[2]也。再观姿态，既古且韵，可称枯寂而兼风流者也，则又佛印禅师[3]之小影矣。余皆皮相[4]，难称风鉴[5]。

注释

〔1〕夷齐：商朝末期孤竹君的两个儿子伯夷和叔齐，二人不食周粟，采薇而食，最后饿死在首阳山。

〔2〕流亚：同一类人或物。

〔3〕佛印禅师：宋朝僧人，法号了元，字觉老，与苏轼等人交好。

〔4〕皮相：从表面上看问题。

〔5〕风鉴：风度和见识。

译文

每年寒冷的时候，各种花卉都黯然失色，而梅花却一枝独秀，在寒意中挺立着。古人有的将其比作将军竭力苦战，难免过于粗鄙；将它比作美人尝试新妆，又涉嫌□。其实梅花就像品性高洁之人，傲然出众，可与伯夷、叔齐归为一类。再看其姿态，既古朴又有风韵，可以说既有枯寂之感又风度非凡，这样来看又像是佛印禅师那样的人了。我只是从表面上看问题，称不上有见识。

兰

如璇房[1]药室中集列仙，相与徜徉，吸露食霞，绝不染人间烟火气。清芬一散，余气尽销[2]。洵[3]是王者香，予愿佩之，周旋[4]君子。

注释

〔1〕璇房：传说中仙人的居所。

〔2〕销：消退，消散。

〔3〕洵：确实，诚然。

〔4〕周旋：交际，应酬。

译文

就像仙人居所和药室中汇集了各路神仙，他们逍遥自在，以露水为饮，以云霞为食，一点也不沾染人间的烟火气息。兰的清幽芳香一旦飘散，余留的气息也就消散殆尽了。诚然是皇家的香气啊，我愿意佩戴着兰花，和有道德修养的人来往交际。

〔清〕恽寿平

菊

花中逸品[1]，菊为领袖。东篱下有数茎，可以壮高士之襟怀。野性风疏，真我逸友。英分百美，无过金精。乃薏或乱真[2]，致别甘苦，野夫潜客，亦有冒□者耶？

注释

〔1〕逸品：高雅超俗的艺术或文学创作，这里指高雅脱俗的花。

〔2〕薏或乱真：指薏苡明珠的典故，将薏米说成是明珠。出自《后汉书·马援传》："初，援在交趾，常饵薏苡实，用能轻身省欲，以胜瘴气。南方薏苡实大，援欲以为种，军还，载之一车，……及卒后，有上书谮之者，以为前所载还，皆明珠文犀。"

译文

在高雅脱俗的花卉中，菊是最为突出的。东边篱笆下长着几株菊花，让高雅之士的襟怀更显广阔。它野趣十足，不染尘俗，可谓志趣高雅。美丽的花朵千千万万，却没有能比得上菊花的。薏米都可以冒充珍珠，别有一番甘甜苦涩，那些山野间的隐士，也有冒充□的吗？

莲

根托淤泥，一尘不染，如古名士号清流者，即投浊流[1]，其如予何？君子[2]哉？君子哉！

可以名仙，可以名佛[3]，君子乎哉？《古今注》释一名水芝丹，一名泽芝，字水花[4]，为灵草。见泽国之慧根，采珠为佩，裁□作衣，吾将与仙佛游。

请为我作座，令龙象[5]护之，勿许解语花，向太液池边[6]，溷彼水观[7]。

注释

〔1〕如古名士号清流者，即投浊流：古时名士自命为清流的，都被投入浊流。出自北宋欧阳修《朋党论》：“及昭宗时，尽杀朝之名士，或投之黄河，曰：‘此辈清流，可投浊流。’而唐遂亡矣。”

〔2〕君子：将莲比作君子。出自北宋周敦颐《爱莲说》：“莲，花之君子者也”。

〔3〕可以名仙，可以名佛：莲与道教关系非常密切，是仙境的象征，传说中仙人经常手持莲花。莲还是佛教的圣花，《无量寿经》记载：“清白之法最具圆满，……犹如莲花，于诸世间，无染污故。”

〔4〕一名水芝丹，一名泽芝，字水花：出自晋朝崔豹《古今注》“芙蓉，一名荷华，生池泽中，实曰莲，花之最秀异者。一名水目，一名水芝，一名水华”。

〔5〕龙象：龙和象，在佛教比喻修行过程中勇猛且有能力的人。

〔6〕勿许解语花，向太液池边：出自五代王仁裕《开元天宝遗事·解语花》“明皇秋八月，太液池有千叶白莲数枝盛开，帝与贵戚宴赏焉。左右皆叹羡，久之，帝指贵妃示于左右曰：‘争如我解语花？’”。

〔7〕水观：佛教的一种入定之术，指坐禅时镇定地观遍一切的境界。

译文

根长在淤泥里，一点儿尘土也不沾染，像古代的名士自命为清流，即使投入浊流中，又能怎么样呢？这就是君子吗？这就是君子呀！

可以说是仙，也可以说是佛，还算是君子吗？据《古今注》里的解释，莲有个名字叫“水芝丹”，还有个名字叫“泽芝”，以“水花”为字，是一种灵草。感受水乡的慧根，采珍珠为佩饰，裁剪莲花做成衣裳，我将和神仙、佛祖一起交游。

请为我做一个莲花座，让龙和象保护我，不要让解语花聚集在太液池边，打扰我入定修行。

〔清〕王概

水仙

素娥青女[1]，质极柔脆，卧雪眠霜，了无作色[2]，岂其原籍果在弱流[3]三万里外，暂谪[4]向人间耶？请看花中称仙者几耶？

珠玉之气不作花香，烟水之容不骄花色，会须见□于群玉山头、瑶台月下[5]。当欲取秋海棠下嫁之，恨生不同时，然亦不乐向花籍求偶。

注释

〔1〕素娥青女：中国古代传说中的仙女。

〔2〕作色：改变脸色。

〔3〕弱流：弱水，传说中的水名，其水不能胜芥，鸿毛不浮。

〔4〕谪：贬谪。

〔5〕群玉山头、瑶台月下：指传说中西王母所居之地。出自唐朝李白《清平调·其一》：“若非群玉山头见，会向瑶台月下逢。”

译文

水仙就像仙女，虽极为柔嫩脆弱，但卧眠于霜雪之上也面不改色，难道它的居所本是三万里外那传说中的弱水，只是暂时谪居于人间吗？请看看花卉中能称为仙的有几种呢？

珠玉之气不及它的花香，烟水之容也比不过它的花色，应当见□于群玉山头、瑶台月下。水仙本想下嫁秋海棠，可惜不能同时开花，不过，它也不乐于在花谱中寻觅伴侣。

茉莉

清芬微露，太朴独完，视调朱傅粉，若将□□，堪与吾侪结素心友。

闺阁竞妍，不减兰蕙，亦俗解也。朱明亭午[1]，霰逗蓓蕾，堪与青莲同拔火宅[2]，斯足珍乎?

注释

〔1〕朱明亭午：夏季正午。

〔2〕火宅：佛教语，比喻充满众苦的尘世。

译文

清幽的芬芳才微微显露就独秀于群芳，看着其他花卉涂抹脂粉，如果将□□，能和我们结成真心的朋友。

在闺房中比美，认为茉莉不输给兰花、蕙草的，也是世俗的看法。夏季正午时分，雨水挑逗着茉莉的花骨朵儿，仿佛能与青莲一起消除尘世疾苦，这不值得珍惜吗?

桂

花色多赫奕[1]，桂独雅驯[2]；花香多酷烈，不能远及，桂独清澈，可闻数里。领略秋光，堪与姮娥[3]相对，得借一枝，自不减广寒宫也。

仙姿略格，自是月中种，且金粟[4]为不老之饵，未可溷入风尘。泰山北斗，有七十树，天神青腰玉女，三千人守之，其实赤如橘，食之一年，仙宫迎之，常有九色飞凤、宝光朱雀鸣集其上[5]。予有仙骨，愿棲其枝。

注释

〔1〕赫奕：耀眼盛大的样子。

〔2〕雅驯：清雅不俗。

〔3〕姮娥：嫦娥。传说中嫦娥所居之广寒宫中有桂树。

〔4〕金粟：桂花的别称，形容其色黄如金，花小如粟。

〔5〕泰山北斗，……宝光朱雀鸣集其上：引自宋朝叶廷珪《海录碎事》。原文为“《天地运度经》：‘太山北有桂树，青腰玉女三千人守之，实赤如橘，食之，仙官来迎，常有九色飞凤、宝光朱雀鸣集于此。’”。

译文

花的颜色大多耀眼炫目，桂花偏偏清雅不俗；花的香味大多浓烈，不能传到远处，桂花偏偏香味清爽而明澈，可以在几里之外闻到。欣赏秋景之时，如果能与嫦娥相见，借得一枝桂花，这景色自是不输广寒宫的。

从桂树清雅秀逸的姿容来看，它本应栽种于月宫，况且桂花是长生不老的灵药，不能混入纷乱的尘世。在泰山之北，有七十棵桂树，天上的神仙和亭亭玉立的美人共三千人守护着它们，其果实赤红像橘子一般，吃一年就可以飞升仙宫，经常有九色凤凰和散发着光华的朱雀聚集于上方鸣叫。我要是有仙人风骨，也希望能栖息在桂树的花枝上。

〔清〕恽寿平

玫瑰

字用斜玉，原自珍异不凡也。香逾于桂，色殆不及茉莉耳，迩争宝之。囊则芳馥，妩媚之气逼人肌肤；膏则芳洁可口，妩媚之气沁人肺腑，内外兼资。花草益人，此当为最。

译文

“玫”“瑰”两个字都是斜玉旁，本来就珍奇而不同凡响了。其香气胜过桂花，颜色恐怕比不上茉莉花，近来人们争着把它当作珍宝。装入口袋中芳香馥郁，美好的气息直逼肌肤；做成膏药则清新可口，美好的气息透进身体深处，可谓外表和内在皆具禀赋。要论花草对人的益处，玫瑰应当列在首位。

榴花

榴花如碎剪鲛绡[1]，联络或文，实如古锦□中藏八宝，晶光灿烂，灵□定从海外来，当另具复眼。

注释

〔1〕鲛绡：传说中鲛人所织的绡，亦借指薄绢、轻纱。

译文

石榴花像剪碎的薄绢，花瓣上有交错的纹理，果实像古锦□中珍藏的八种珍宝，闪闪发光，光彩夺目，灵□定是从西域传过来的，应当另具不一样的眼光。

海棠

海棠无香，然逸思翩翩，定是仙品。初开着微雨，娇媚犹觉动人。太真睡未足[1]时，颜色恐不啻输一筹也。

以海名，根自海外也，安石榴诸子得以亲之。密迩有樱桃花者，肖貌而出，再益微叶，几不可辨。唐突西子[2]，已诮东家[3]，施矤[4]棠梨者又乌得而冒焉？

注释

〔1〕太真睡未足：太真，指杨贵妃。据宋朝乐史《杨太真外传》记载，某日唐玄宗召见杨贵妃，而贵妃酒醉未醒，于是命人扶掖而至，见杨贵妃醉颜残妆，鬓乱钗横，不能再拜，唐玄宗笑着说："是岂妃子醉？真海棠睡未足耳。"

〔2〕唐突西子：唐突，冒犯；西子，即西施。唐突西子，意指冒犯了西施，比喻抬高了丑的，贬低了美的。

〔3〕东家：本指孔子。相传孔子西边的邻居是位愚夫，不识孔子，称之为"东家丘"，后以"不识东家"指不识圣贤。这里代指海棠。

〔4〕矤（shěn）：况且，何况。

译文

海棠没有香味，但引人遐想，一定是非凡之花。刚刚绽放的时候若遇上小雨，娇艳妩媚之感更是让人心动。就算是杨贵妃没有睡醒的时候，姿容恐怕也不止输了一点。

海棠用"海"字命名，源自海外，安石榴这类花也因此与它相近。有一种樱桃花，因外形与海棠相似而显得不凡，又多了几片细叶，几乎不能分辨。冒犯美人，不识圣贤尚会沦为笑柄，棠梨这类花木又怎能仿冒海棠呢？

芙蓉

镜涵秋水，色带烟霞，湘之灵、洛之神[1]也。

邛州[2]有弄色木芙蓉，一日白，次日浅红，三日黄，四日红深，比落紫色，人号文官花[3]，殆得韩湘子[4]□□五色之术。

注释

〔1〕湘之灵、洛之神：湘水、洛水之神。

〔2〕邛州：古州名，在今四川省成都市西南方。

〔3〕邛州有弄色木芙蓉，……人号文官花：摘自明朝徐应秋《玉芝堂谈荟》。

〔4〕韩湘子：中国古代民间传说中的八仙之一，相传为唐朝文学家韩愈的侄孙。

译文

芙蓉花像明镜映照着秋水，花色带有烟霞之光，是湘水、洛水的神啊。

邛州有会玩弄色彩的木芙蓉，第一天呈白色，第二天呈浅红色，第三天呈黄色，第四天呈深红色，快要凋谢时呈紫色，人称“文官花”，大概是习得了韩湘子□□的五色法术。

玉兰

种出闽粤中，香色俱绝。今吴人以木笔度之，愈远而愈失其真，声价顿减。第当开时，不着一叶，千干万蕊，莹白成堆，评者称为玉树，如缙绅[1]世胄[2]纵未能济美，然稍稍自爱，犹以阀阅[3]推重里中。

声重连城之璧，香名九畹[4]之芳，凌风兢雪，清白仙史，皆足方美，何必佳子弟[5]？

注释

〔1〕缙绅：缙绅，插笏于绅带间，旧时官宦的装束，借指官宦。

〔2〕世胄：世家子弟。

〔3〕阀阅：泛指家世、门第。

〔4〕畹：古代面积单位。或以三十亩为一畹，或以十二亩为一畹，说法不一。

〔5〕佳子弟：优秀的年轻后辈，这里代指玉兰。出自《晋书·谢安传》：“玄字幼度。少颖悟，与从兄朗俱为叔父安所器重。安尝戒约子侄，因曰：‘子弟亦何豫人事，而正欲使其佳？’诸人莫有言者。玄答曰：‘譬如芝兰玉树，欲使其生于庭阶耳。’”

译文

玉兰出自福建和广东，颜色和香味都很绝妙。现在吴地的人用木笔与其做比较，越是与原产地离得远，越是不知道玉兰真实的模样，其声誉、价值顿时削减了。玉兰快要开花的时候，一片叶子也不长，却有千根枝干、万枚花蕊，晶莹雪白，成簇成堆，品评之人称其为仙树，就像官宦、世家子弟即使不能将家世发扬光大，但只要略微自爱，还是会因出身门第而被人们推崇看重。

玉兰的声誉好得像价值连城的璧玉一般，芳香在天下的花木中都很出名。顶着寒风，迎着霜雪，品行端正，出身清白，这些都足以展现其美好的品性，又何必拘泥于世家子弟的名号呢？

〔清〕王概

紫荆

万花春谷，彩云易散，此花独盛于夏，相继□日，视转眼荣枯者，奚啻霄壤[1]？

丁盛夏时，金石流焦，此独宁耐，其矫矫[2]忠臣乎？

迎风先动，何其靡也！披霞益鲜，固自矫然，午窗蕉影，最宜掩映。

注释

〔1〕霄壤：天和地，比喻相去甚远，差别很大。

〔2〕矫矫：坚韧的样子。

译文

春季，万花虽盛开，却像天上的彩云般容易消散，而紫荆偏偏在夏季绽放，接连□日，看看那些转眼就枯萎了的花卉，何止是天壤之别啊？

正逢盛夏时节，金石都要被晒焦了，它却能够忍耐，坚韧的样子不像忠心为国的臣子吗？

看它随风摇曳，多么美好啊！披着彩霞显得更加鲜艳，韧劲十足，最适合与午后窗前芭蕉的剪影相互掩映。

山茶

开当正月，独占先春，数枝和雪上屏风，大可爱惜。

可称冷艳，亦可称丽华。山居寒谷，想慕群芳，不能先时构采，借此消渴，应以茶名。

译文

山茶在正月盛开，独自占有初春，几枝带雪的山茶花点缀在屏风上，很让人喜爱。

山茶可以称得上冷艳，也可以说是华丽。居住在寒冷的山谷中，想要观赏各种花卉，却不能提前采摘，便借山茶消解心中的渴求，确实应该用“茶”字来为它命名啊。

桃

桃花与柳叶相间，红绿灿然，颇能妆成一段富贵春色。第[1]惯习铅华，了无余韵，如市娼倚门迎人献笑，游冶[2]每每牵情，高士必掉臂不顾。

如同渔郎，逗[3]入仙源，芳华鲜美，落英缤纷。不妨点目，当采宴罢之新声，不助妆前之娇色。

桃源则隐君子在焉，东方倩曼[4]且以之玩弄一世。至于先佛世尊，目击道存，皆是物也。故予以世法眼观，便可弃置；以出世眼观，此君亦可压卷。

注释

〔1〕第：但，只是。

〔2〕游冶：追求声色，寻欢作乐之人。

〔3〕逗：到

〔4〕东方倩曼：东方朔，字曼倩，汉朝著名文学家。相传他曾三次到西王母的蟠桃园偷桃。

译文

桃花和柳叶相间生长，红色和绿色彼此映衬，明亮艳丽，装饰出一幅富贵春景。但桃花习惯了涂抹铅粉，一点儿也没有其他韵致，就像倡女倚着门栏迎人献笑，寻欢作乐之人每次都会动情，品行高尚的人一定毫无眷顾。

就像传说中的那些渔夫，误入桃源仙家，看到桃花鲜艳美丽，飞舞的花瓣纷纷扬扬，难免心动。但切勿被眼前的景象扰乱了心境，应当在宴席结束时采集民间歌谣，而不是为那桃花再添一抹娇色。

桃源是隐士的居所，东方朔尚且因偷仙桃而被贬作凡人。至于先佛世尊，眼睛一看便知“道”之所在，万事万物都是客观存在的啊！因此，如果用世俗的眼光看，就可以将桃花弃之不顾了；但如果用超脱世俗的眼光来看，桃花也可以是力压群芳的花卉。

〔清〕恽寿平

李

玉衡[1]散为李，瑶华[2]着树，春雪未销，惜鲜扶疏[3]之襟，犹倩掩映之色。然上清王文[4]之奇珍，仙液所酿，不减蟠桃。

注释

〔1〕玉衡：泛指北斗七星。

〔2〕瑶华：玉白色的花，借指仙花。

〔3〕扶疏：枝繁叶茂，四处延伸的样子。

〔4〕上清王文：疑为传说中的某位神仙。

译文

北斗七星散落人间变成李树，玉白色的仙花长满树枝。不过春天积雪还没有消融，枝叶恐怕尚未生长茂盛，但李树在掩映衬托之下依然显得俏丽动人。这是仙人的奇珍异宝，用它酿造的仙液，不输于蟠桃。

杏

锦烂〔1〕宫袍，日边红映，上林〔2〕光采，足破凄清。步□而争芳，何以托众香之国〔3〕？愿抡才〔4〕者，急蓬莱五色六出〔5〕之伎①〔6〕，无使东方岁星〔7〕流出墙外。

校勘

① 伎：此字在原稿中模糊不清，据上下文语义疑为“伎”。

注释

〔1〕锦烂：比喻色彩绚丽。出自《葛生》：“角枕粲兮，锦衾烂兮！”

〔2〕上林：秦汉时期的宫苑名，在今陕西省西安市。

〔3〕众香之国：这里指百花盛开、芳香浓郁的地方。出自《维摩诘经》：“上方界分，过四十二恒河沙佛土，有国名‘众香’，佛号‘香积’，今现在。其国香气，比于十方诸佛世界人天之香，最为第一。”

〔4〕抡才：选拔人才，此处指挑选花卉。

〔5〕五色六出：一花生五色，有六瓣。出自南朝梁任昉《述异记》：“东海郡尉于台有杏一株，花杂五色，六出，号六仙人杏。”

〔6〕伎：通“技”，才智、技艺。

〔7〕东方岁星：东方朔。相传东方朔为岁星下凡。出自《汉武洞冥记·东方朔》：“帝仰天叹曰：‘东方朔生在朕傍十八年，而不知是岁星哉！’”此处指品质优良的花。

译文

杏花仿佛穿着色彩绚丽的宫袍，在太阳的映照下，给上林苑带来耀眼的光彩，足以驱除凄凉冷清的气氛。步□而争芳，凭什么跻身于芳香浓郁的国度呢？希望挑选花卉的人能够珍惜那些独具特色的品种，不让品质优良的花流落他处。

梨花

缥缈白云，到枝俱碎。昌龄梦语[1]，满路生香，亦花中佳品。

注释

〔1〕昌龄梦语：据《苕溪渔隐丛话》记载，唐朝诗人王昌龄在梦中作梅花诗“落落寞寞路不分，梦中唤作梨花云”。

译文

一簇簇梨花好似一团团白云，但碰到枝干就四散破碎了。王昌龄在睡梦中作诗，将梅花比作梨花云，落红满地散发着芳香，也是一种品性极佳的花卉。

〔清〕恽寿平

秋葵

葵，夏以火故赤，秋以金故黄[1]。赤曰丹心，黄可曰黄中。学道人之妆[2]，增荷衣之翠，不独与雁来红、鸡冠紫争秋光也。

注释

〔1〕夏以火故赤，秋以金故黄：古人以金、木、水、火、土五行学说来解释春、夏、秋、冬四季。据《历忌释》记载："四时代谢，皆以相生。立春木代水，水生木。立夏火代木，木生火。立冬水代金，金生水。至于立秋，以金代火。"

〔2〕道人之妆：道妆，亦作"道装"，道士的装束打扮。

译文

按五行学说来解释，夏季以火代木，因此秋葵此时是红色的；秋季以金代火，因此秋葵又变为黄色。红色的叫作"丹心"，黄色的称为"黄中"。它模仿道士的装束打扮，又新增了荷叶的翠绿之色，不独与雁来红、鸡冠紫等花竞相展现秋日风光。

橘花

寒酸之气，方之鄙儒，琐屑[1]之姿，比之家婢，何以令实中二叟体骨皆红？

注释

〔1〕琐屑：轻佻。

译文

橘花寒酸的气味，就像固执而不通事理的儒生，轻佻的姿态可以用家中的奴婢来作比，但又是怎么让结出的柑橘从内到外都呈红色的呢？

蘋花

清池皓月，照我禅心，若令落江洲，伴渔人而送帆影，谁与作赏？然香堪醉鸟，不许芦雪[1]为乱。

注释

〔1〕芦雪：芦花，花白如雪。

译文

清澈的水塘、明亮的月亮，映照着我清静寂定的心，如果让它扎根于江洲，陪伴着渔夫，送别远去的帆影，又有谁能与之共赏？然而其香气会使鸟儿沉醉，有它之处芦花便不会胡乱生长。

蔷薇

织锦成屏，堆绣满架。市井儿暴富，用以映带画堂，若无香露[1]，可以灌手。读书，予无取也。

注释

〔1〕香露：香水。

译文

蔷薇盛开之时如同锦缎织成屏风，绣品堆满了架子。如果商人突然发财了，就用蔷薇映衬有彩绘的殿堂；如果没有香水，可以用蔷薇花露来洗手。读书的话，我就不需要了。

木香

芳风微扇，春睡可销，黄白交丛，足为蔷薇洗妆之功。

译文

微风吹拂着木香，芬芳的气味让春困消散，黄色和白色交错的花丛，足以看出蔷薇梳洗打扮后的样子。

百合

月逢盛夏，红紫凋零，此同渥丹一时并开，如琼瑶[1]对峙。骚人[2]爱之，大费平章[3]，谓“百合输却十二红，渥丹输却一段香[4]”，花神定是心服。

何事含羞垂粉黛，月明亭畔不开颜？

注释

〔1〕琼瑶：美玉。

〔2〕骚人：诗人。

〔3〕平章：评章，品评的文章。

〔4〕百合输却十二红，渥丹输却一段香：化用宋朝卢钺所作之诗《雪梅·其一》“梅雪争春未肯降，骚人阁笔费评章。梅须逊雪三分白，雪却输梅一段香”。

译文

时逢盛夏，万紫千红的花朵凋谢衰败，百合却和渥丹一起在此时盛开了，就像两种美玉相对。文人骚客都很喜爱，写了不少品评的文章，说百合不如渥丹红艳，渥丹却输给百合一段清香，花神听了也会由衷地信服。

什么事能让花朵害羞地垂下头来，在明月朗照的亭台池畔无法展露笑颜？

木槿

红白竞妆，尽成野态。朝荣夕悴，可破生人长年之想，是亦花中有悟者也。

译文

木槿红色的花和白色的花竞相比拼着妆容，无拘无束、野趣十足。它早上开花，晚上枯萎，打破了人们对长生不老的念想，也是花卉中有觉悟的品种。

萱花

萱即忘忧草，草尚能忘忧，人何不自洒落？当对此花，宜多植于家庭，以助赏心乐事。

译文

萱花就是忘忧草，花草尚且能够忘记忧愁，人为什么不能随性洒脱呢？萱花适合在家中庭院里多种植一些，让家中更添赏心乐事。

素馨

那悉茗之别名也，生于刘玉女塚上，玉女名素馨，因附其名。予未及识面，但闻品茉莉者曰：“香愈于那悉茗。”安能分我一枝，使玉魂盘旋于山亭草榭之间，以点悠然之致？

译文

素馨是那悉茗的别名，生长在刘家一位貌美女子的坟头，女子名叫素馨，因此以她的名字给花命名。我没有见过素馨花，只是听品评茉莉花的人说，茉莉比那悉茗香。怎么才能分我一枝花，让逝去女子的魂魄在山中亭榭之间徘徊，来展现我悠然的情致呢？

秋海棠

若碧萝翠薜，桃花几片，零星其上，无意自成一家者。娇不欲语，弱难胜衣，花如论骨，此为极靡矣。秋光可写，宜取蘋花、金灯共图之。

译文

秋海棠像女萝和青翠的薜荔，用几片桃花零星地点缀在上面，无意间自然形成了一道独特的风景。娇媚而不欲多加言语，柔弱得不能承受衣裳的重量，花卉如果也论风骨，这就是极为美好的了。秋日的风光可以通过花木来展现，应该用蘋花、金灯花与秋海棠一起描绘。

山丹、石竹

花草之盛，二种交错成章。朱紫相乱，有如寒家姹女，初学娇妆，避人镜下。

译文

花和草都很繁盛，两种植物交错生长形成独特的风景。红色和紫色相混杂，就像贫寒人家的少女，刚刚学会画娇艳的妆容，却只在镜中自赏，不见他人。

绣毬即粉团花。

粉塑骷髅，不堪临镜。开妆郑重，且用筑避风台也。

如可救饥，当令砚田[1]无岁者，向君问生活，可胜白糁[2]羹矣。

注释

〔1〕砚田：以砚为田，比喻读书人以文墨维持生计。

〔2〕糁：饭粒。

译文

题注：也就是粉团花。

绣球花像粉色的骷髅，不能置于镜子前。花开得颇为频繁，只能将其栽种于避风之处。

绣球如果可以挽救饥荒，应当让无法维持生计的读书人向它寻求生存之道，至少可以胜过白米粥啊。

木笔

木笔，辛夷也，窃玉兰之似，而饰其外廓，小人之的然[1]乎？征之花梦，江郎才尽[2]矣。

注释

〔1〕的然：明显的样子。

〔2〕江郎才尽：出自《南史·江淹传》，指南朝江淹少有文名，晚年却诗文无佳句。比喻才思枯竭。

译文

木笔就是辛夷，偷学玉兰的外貌来修饰自己的外形，这不明显是小人的作为吗？虽然其确有成为名花的梦想，但已经才思枯竭了。

瑞香

琐屑不堪，气亦近俗，但可充村妇花钿[1]耳。曾端伯取为殊友，想有别调。

注释

〔1〕花钿：用金银镶制成的花形首饰。

译文

瑞香的花朵非常细小，气味庸俗，只能充当村妇的首饰。曾端伯将其称为花中殊友，想来应是别有情调。

栀子

逸[1]在烟岩云壑中者，有如玉树，非樵子[2]不得近。即常者亦作禅味，故佛家日簷蔔[3]。

注释

〔1〕逸：隐遁。

〔2〕樵子：樵夫。

〔3〕簷蔔：薝卜。

译文

栀子隐遁于烟云缭绕的山谷中，就像仙树一般，非樵夫不能接近它。即使是平常的栀子花也颇具禅意，因此佛教称其为“薝卜”。

〔明〕沈周

琴花释闷

玩谱词琴实赏花。

余临园闷座，偶思涉世之劳苦，不若穷居[1]之间适，遂取琴向花阴深处、垂柳池边，石桌焚香，鼓弹《梅花三弄》，不觉襟怀旷达、心意恬佚。忽有方游道人，闻声入访，不言姓名，坐谓余曰："公所弹《梅花三弄》，得勿隐居于此，用以写目前景况乎？愚敢效颦[2]，为知音一弹，请正何如？"于是就琴接鼓，响应松声，鹤惊天外，音彻芳林，鸟翔云际，薄日映花头，色灿金徽[3]。清风自丛畔，香满冰弦。花亦若有知，或仰面倾耳，朵颤枝巅；或侧首低听，蕊笑叶底。是花又一知音也，何古今独羡汉上子期、伯牙两知音[4]耶？抚罢，款留，荤酒饱餐，送别而去，不知何往。谅亦隐君子流也，因记弹谱于后。

注释

〔1〕穷居：隐居不仕。

〔2〕效颦：这里是一种谦虚的说法，指效仿。

〔3〕金徽：用金属镶制的琴徽，这里代指琴。

〔4〕知音：比喻知己。出自《列子》："伯牙善鼓琴，钟子期善听。伯牙鼓琴，志在高山。钟子期曰：'善哉，峨峨兮若泰山！'志在流水，钟子期曰：'善哉，洋洋兮若江河！'伯牙所念，钟子期必得之。伯牙游于泰山之阴，卒逢暴雨，止于岩下。心悲，乃援琴而鼓之。初为霖雨之操，更造崩山之

音。曲每奏，钟子期辄穷其趣。伯牙乃舍琴而叹曰：‘善哉，善哉，子之听夫志，想象犹吾心也。吾于何逃声哉？’”

译文

题注：赏玩琴谱词曲，实为赏花。

我心情郁闷地坐在花园里，偶然间想到涉世的艰辛劳苦，比不上隐居不仕的悠然自得，于是拿着琴走到花林深处的垂柳池边，在石桌上焚香，弹奏《梅花三弄》，不禁升出超然物外的旷达之感，心里坦然安乐。忽然有云游之人听到琴声前来拜访，也不说自己的姓名，坐下来对我说：“您弹奏的《梅花三弄》，莫非是在描绘在此隐居时眼前的景色？我冒昧效仿伯牙，为知己弹奏一曲，请您指正怎么样？”于是他拿着琴接着弹奏，琴声与松林的风声相呼应，惊动了天上的飞鹤，穿透了花林，像鸟儿在云间翱翔。阳光映照花头，反射在琴身上金光闪耀。清幽的风从花丛中吹拂而来，香气铺满了琴弦。花儿仿佛有了知觉一般，有的抬起头侧着耳朵听，花朵在枝头微颤；有的转过脸低着头倾听，花蕊躲在叶丛里微笑。这又是一个懂花的知己啊！为什么古人、今人都只羡慕钟子期和俞伯牙二人相知呢？弹奏结束，我盛情款待，酒肉餍足后，送君离开，也不知道他去了哪里。想来也是一位隐士，于是将琴谱记录在后。

琴谱《阳春》 因合调，故语句不比常文。

译文

题注：因为要与曲调相合，所以语句不能与正常的作比。

气转洪钧[1]

天气下降，地气上腾，一阳气转洪钧。群纤俱蠢动，万木皆萌[2]。不尽生生[3]，到处光增。请看他满皇都的那花柳春风、桃李红黄，那舒锦幛云层。唤儿童，抱瑶琴，趁游人，闲潇洒，踏青恣徐行。

注释

〔1〕洪钧：天。

〔2〕萌：萌芽、萌发。

〔3〕生生：旧事物不断变化，新事物不断产生。

阳回大地

阳回大地回春，蔼蔼然生意，万象皆新。细草铺茵，园林万花，锦棚如□，听林莺巧啭，睆晛[1]声频，展宫眉含烟杨柳颦。分统[2]会元气氤氲，轻寒轻暖两相匀，看海棠经雨胭脂喷，桃李艳，倚东君[3]。深闭门，闲人。任雨打梨花[4]，轻飘白雪纷纷。

注释

〔1〕睆晛：应为晛睆，形容鸟声清脆圆润。

〔2〕分统：管辖。

〔3〕东君：中国古代传说中司春之神，也说是太阳神。

〔4〕雨打梨花：出自宋朝李重元《忆王孙·春词》“雨打梨花深闭门”。

万蘖敷荣[1]

看江山万蘖敷荣，兰芽柳眼妆春，转绿舒青，涂香晕色，佳景清明。云鸠拖雨过江城[2]，雨还晴，呼夫呼妇，商量弄雨弄晴。熙熙和风那丽日，燕南雁北争鸣，莺歌蝶舞，幽禽慢调声。金鞍与画轮，游人往来踏青。

注释

〔1〕万蘖敷荣：树木重获生机。

〔2〕云鸠拖雨过江城：化用宋朝周邦彦《浣溪沙·水涨鱼天拍柳桥》“云鸠拖雨过江皋”。

江山秀丽

见几枝出墙红杏，娇妒谁家倚墙梨与李。山川秀丽，总借阳春发生之意。绿阴千顷，黄鹂的那声应。门掩映，人寂静，动香风轻弄一庭花影。莺嘴轻啄花那红溜，燕尾斜点碧波交碎，平池绿皱〔1〕。快睹园林，小小青梅，匀圆如豆〔2〕。春山如画岧峣〔3〕，春水那迢遥。好江山色丝绝妙，绝妙！

注释

〔1〕平池绿皱：化用五代冯延巳《谒金门·风乍起》“风乍起，吹皱一池春水”。

〔2〕小小青梅，匀圆如豆：化用宋朝欧阳修《阮郎归·南园春半踏青时》“青梅如豆柳如眉，日长蝴蝶飞”。

〔3〕岧峣：高峻的样子。

〔清〕恽寿平

莺歌燕舞

际东风斜峭，初雨过，方晴候，满目莺歌燕舞，笙簧轻奏。羽剪轻交，机织泥巢，游春的那杜甫[1]，绿杨芳草桥头，手抱瑶琴，缓步逍遥。背负着香囊，抚景搜诗调，借问万紫千红，不识开多少。慢遨游，章台柳[2]，美景良辰，休要蹉过。一年岁月，九十春光，不能驻留长久。

注释

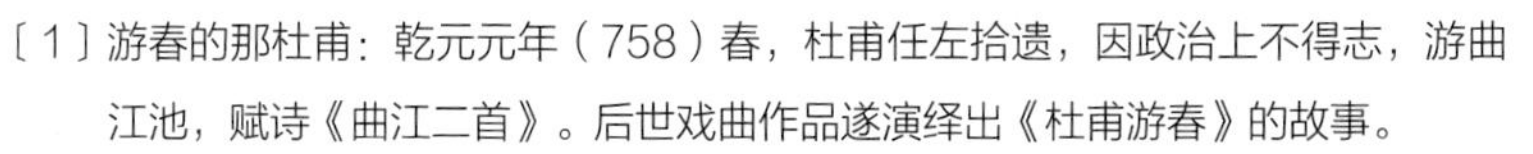

〔1〕游春的那杜甫：乾元元年（758）春，杜甫任左拾遗，因政治上不得志，游曲江池，赋诗《曲江二首》。后世戏曲作品遂演绎出《杜甫游春》的故事。

〔2〕章台柳：出自唐朝韩翃《章台柳 · 寄柳氏》“章台柳，章台柳，昔日青青今在否？纵使长条似旧垂，也应攀折他人手”。后用来形容窈窕美丽的女子。

日暖风和

融融暖日江山丽，淡淡和风花柳媚。多情绪，红随远浪，轻泛桃花，尤恐春来也春去，东君留意。雪浪平堤，轻翻柳絮，休问闲非那闲是。从他莺燕嫌疑猜忌，醉时节，恣[1]眠芳草地。

注释

〔1〕恣：放纵。

花柳争春

河阳一县奇花繁华[1]，彭泽五株杨柳阴遮。风舞欹斜，叹那小蛮腰细，喜那樊素唇佳[2]，绿红花柳世争夸，赏心酒醉那流霞。唤奚奴[3]安排与入诗家。

注释

〔1〕河阳一县奇花繁华：出自《白氏六帖·县令》“潘岳为河阳令，树桃李花，人号曰：‘河阳一县花’”。

〔2〕叹那小蛮腰细，喜那樊素唇佳：化用唐朝白居易的诗句“樱桃樊素口，杨柳小蛮腰”。

〔3〕奚奴：仆役。

帝里风光

古洛城东，今年花好胜去岁花红，但去年对酒那人儿，今日难逢。遥思想那明年此日呵，花又红，玉人儿尤恐难逢。穷通，料循环天运也，依旧春风。不知花前樽酒，又与谁同？

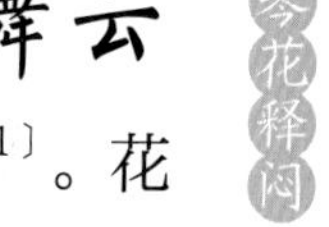

春风舞云

鲜鲜春服既成，六七童儿浴沂风舞雩咏而归[1]。花残野岸，柳困江堤，南风薰[2]兮，只应诗与酒二事相宜。

注释

〔1〕鲜鲜春服既成，六七童儿浴沂风舞雩咏而归：出自《论语》“曰：‘暮春者，春服既成，冠者五六人，童子六七人，浴乎沂，风乎舞雩，咏而归。’夫子喟然叹曰：‘吾与点也！’”。

〔2〕薰：香气，香。

绿战红酣

春风施化雨，春暖扇和风，雨雨风风，风雨战酣红。韶华[1]催促去匆匆，只妨那莺愁蝶怨，留不住老天公。吟诗酌酒兴无穷。情浓，且从容。听和《阳春》妙曲，慢慢调丝桐[2]。

注释

〔1〕韶华：美好的时光。

〔2〕丝桐：古琴。古人削桐为琴，练丝为弦，故称。

留连芳草

凝眸芳草凄凄，留连似惜两两分离。人人对景，景对人儿，持杯遥送春归。斜风细雨，尽日淋漓，曲江头几句新诗，瑶琴一曲《阳春》，几句那新词。啼血休令杜宇知。莺谩[1]语，蝶慵[2]飞，不违时。若留不住，分付[3]他明年早到南枝，明年早早到南枝。

注释

〔1〕谩：通“漫”，随意、胡乱。

〔2〕慵：懒。

〔3〕分付：吩咐。

〔清〕恽寿平

妙在以吟代画，幻化莫测。

余缘老病举发，卧医年余，不能临园涉趣，未免兴好难已，因思昔秦太虚阅《辋川图》[1]，沉疴顿解。余亦有素积名公卉图，及十竹斋[2]刻卉，皆所钟爱，又不在《辋川》下也。因是次第展观，病果少差，遂各制一叙，以为引手[3]，将标题赞赏诗句缀于上，不时把玩，似可不用参苓散、起生丸[4]也。今并列入，名为《笔花解疴》，以志痴心酷好，虽病不忘之意云尔。

注释

〔1〕秦太虚阅《辋川图》：秦太虚为宋朝文学家秦观。其在《书辋川图后》中写道："元祐丁卯，余为汝南郡学官，夏得肠癖之疾，卧直舍中。所善高符仲携摩诘《辋川图》视余，曰：'阅此可以愈疾。'余本江海人，得图喜甚，即使二儿从旁引之，阅于枕上，……数日疾良愈。"

〔2〕十竹斋：明朝书画篆刻家、出版家胡正言将自己的书斋命名为十竹斋，并开始了出版事业，刊印有《十竹斋书画谱》和《十竹斋笺谱》等。

〔3〕引手：伸手，引申为援助。

〔4〕参苓散、起生丸：古时的药名。

译文

题注：妙在以诗代画，变幻莫测。

我因为旧疾发作，卧病在床一年多，不能走进花园体验乐趣，难免兴致无法平复，于是想到宋朝文学家秦观看了《辋川图》后，多年的疾病顿时消解的事情。一直以来我收集了许多名家的花卉画作，十竹斋印刻的花卉等都是我特别喜爱的作品，不会比《辋川图》差。我依次打开欣赏，病痛果然稍微好转，于是分别为其写了一篇序文，作为辅助观赏的材料，并将赞赏的诗句写在上面，不时拿出来赏玩，好像可以不再服用参苓散、起生丸之类的药了。现在把这些都收录到本章中，取名《笔花解疴》，以此抒发我对花卉的喜爱之情，即使在生病的时候也不会忘记它们的这份心意。

画卉叙

花卉之有名者，无如洛下[1]之牡丹，广陵[2]之芍药，娇容醉态，含吐春光，占断群芬，独魁一时者也。再如昌州[3]之海棠，龙门[4]之丛桂，庾岭[5]之玉梅，以及楚畹[6]之兰，南阳、玉井之菊与莲[7]也，香色清幽，为出世超凡之品，斋头一枝，令人尘淆顿解，不忍须臾去者也。至于河阳之桃，朱陈之杏[8]，哀仲、光琳之梨、李[9]，或洞口献笑，或墙外吐春，或崖上飞絮，一切艳妆素质，风韵嫣然，俱可醉饮游人乎？添诗囊万斛思者也。递而宝珠、辛夷、水仙、葵、榴等卉，皆色色可人，莫能枚举，无非精凝雨露、彩发风日，以成天地造化之妙，其功效已不可思议矣！而画工之巧更有进焉，乃一笔之下，根枝朵叶，顷刻立就，深红浅绿，刻肖生成，不几纳天地造化于笔端，而雨露风日又从笔吐乎？且造物时有消长，而画图则四时长新，事简功倍，何惮而不为也？于是广集绘图，遍裱册成，无事展观自怡，其乐无穷。因击节而歌曰：“未尝栽植烦辛苦，只愁无酒赏新花。”敢以书之册首，以俟高明之鉴定何如。

注释

〔1〕洛下：今河南省洛阳市。

〔2〕广陵：今江苏省扬州市。

〔3〕昌州：古昌州辖永川、大足、昌元（今荣昌区）、静南四县，今属重庆市。

〔4〕龙门：今属河南省洛阳市。唐朝李德裕《比闻龙门敬善寺有红桂树独秀伊川》："昔闻红桂枝，独秀龙门侧。"

〔5〕庾岭：大庾岭，位于江西与广东两省的交界处，为"五岭"之一，岭上多植梅树。

〔6〕楚畹：出自屈原《楚辞·离骚》"余既滋兰之九畹，又树蕙之百亩"。屈原为楚人，故称"楚畹"，后以此泛指兰圃。

〔7〕南阳、玉井之菊与莲：河南省南阳市郦县（今西峡县）盛产菊花，古名"郦菊"，是古代著名的菊花。玉井，在陕西省华阴市华山西峰下镇乐宫内，井深丈余，井水清冽，相传井内有千叶白莲。

〔8〕朱陈之杏：朱陈，即朱陈村，位于江苏省徐州市，村中栽有大量杏花。宋朝苏轼在《陈季常所蓄〈朱陈村嫁娶图〉二首其一》一诗中写道："我是朱陈旧使君，劝农曾入杏花村。"

〔9〕哀仲、光琳之梨、李：相传汉朝秣陵（位于今南京市江宁区）人哀仲善种梨。他种的梨大而味美，称为"哀梨"。光琳之李，不详。

译文

有名的花卉，都比不上洛阳的牡丹、扬州的芍药，它们容貌娇美，姿态醉人，展现出无限风光，独占众花之美，是当之无愧的花魁。再比如昌州的海棠、龙门的桂花、庾岭的玉梅，以及楚畹的兰花、南阳的菊花和玉井的莲花，香气清新、颜色幽雅，是超凡脱俗的花卉，书房中摆放一枝，让人烦恼顿消，一刻也不忍离开。至于河阳的桃花、朱陈村的杏花、哀仲的梨、光琳的李，有的在洞口展露笑颜，有的在墙外吐露春意，有的在悬崖上迎风起舞，那艳丽的妆容、清雅的气韵，怎么能不让观赏之人沉醉呢？为诗词增添了无限情思啊！还有宝珠、辛夷、水仙、葵、榴等花卉，都非常可人，不能一一列举，它们无不吸收了天地之精华，接受了雨露、阳光的滋润，以展现大自然的奥妙，真是不可思议啊！而画师的技巧更是一天天精进，一笔挥就，植物的根、枝、花、叶就立刻绘成了，深红浅绿，浑然天成，难道是将天地造化都纳于笔尖，而雨、露、风、日又从笔中吐露出来了吗？且自然万物都有生长，有消亡，图画却可以四时常新，轻轻松松就能获取不少，那么为什么不多收集一些画作呢？于是广泛收集植物画作，装裱成册，无事的时候就展开欣赏，陶冶情操，其中的乐趣无穷无尽。因此打着拍子唱道：“未尝栽植烦辛苦，只愁无酒赏新花。”冒昧地将其写在画册首页，等待高明之人鉴定高下。

刻卉叙

花木之生也，必气备四时，精毓[1]五行，披和风，沐甘雨，而后吐芳竞秀，以成造物之妙。彼画工者，根枝朵叶，顷刻立就，竟以心手之巧，夺造化之妙，已称奇特矣。偶过十竹斋头，得绘刻数种，五色纷辉，心目并眩，或作飞龙□□，或作蹲虎之栢，海杏岩桃，跃彩风日，铁干翠筠，寄兴烟霞。及春晔冬蒨，石蘖水藻，悉以谱之，一枝之中，俛仰得宜，一瓣之间，浓淡异法，较之画工，更觉清韵，不又奇中之奇欤？真令人欣赏叫绝，莫能已释。因购入行笥[2]，携归添入绘图之后，不时清玩，似可不必独羡邺侯家藏[3]也。

注释

〔1〕毓：孕育，产生。

〔2〕行笥：出行时所带的箱笼。

〔3〕邺侯家藏：唐朝李泌子于贞元三年（787）拜中书侍郎、同中书门下平章事，累封邺县（今河南省安阳市）侯，家富藏书。后人常以此称赞人藏书众多。

译文

花木的生长，必须吸纳四季之元气，在五行中得到孕育，迎着温和的风，沐浴着甘甜的雨，然后竞相开放，吐露芬芳，展现大自然的奥妙。而画师在顷刻间就能将花木的根、枝、花、叶呈现出来，竟然以精湛的技艺战胜了自然之妙，可以说非常奇特了。偶然经过十竹斋，得到几种木刻版画，各种颜色缤纷夺目，画中的植物有的像飞舞的龙□□，有的像蹲伏的虎，海边的杏、岩壁上的桃，在和风与阳光之下炫目而耀眼，铁干翠竹，寄情于烟霞。至于四季盛景、白蒿水藻，全都记录在画谱中，花枝俯仰得宜，花瓣浓淡不同，与图画相比更加清新雅致，不又是妙中之妙吗？真让人忍不住连连称赞啊！于是买下来装在行囊中，带回家添加在植物画作的后面，不时拿出来赏玩，似乎不必再羡慕邺侯的万卷家藏了。

画吟[1]

红梅

凫[2]牛两碟酒三卮，索写梅花四句诗。想见元章[3]愁米日，不知几斗换冰枝。[4]

浮桥流水雪潺潺，客子来游二月阑[5]。蓓蕾已青酸满树，梅花只就画中看。[6]

皓态孤芳压俗姿，不堪复写拂云枝。从来万事嫌高格，莫怪梅花着地垂。[7]倒枝。

谁写孤山伴鹤枝[8]，早春窗下索题诗。今朝风景偏相似，是我寻他雪下时。[9]画时雪下。

江南风物在新春，笔底生花幻水村。似月付将千片影，因风欲动一窗痕。逢人故是难攀折，入帐还应恼梦魂。笑杀朝来无粒米，呼童卷向市边门。[10]

注释

[1] 画吟：本节诗歌皆为明朝著名书画家、诗人徐渭的作品。

[2] 凫：野鸭。

[3] 元章：元朝著名画家、诗人王冕的字。王冕喜爱梅花，既种梅，也善于画梅。

[4] 此首系《题画梅·其一》。

[5] 阑：残尽，晚。

[6] 此首系《云门寺题画梅》。

[7] 此首系《王元章倒枝梅画》。

[8] 孤山伴鹤枝：宋朝诗人林逋，隐居于西湖孤山，终生不仕不娶，唯喜种梅养鹤，自称以梅为妻，以鹤为子。

[9] 此首系《画梅时正雪下》。

[10] 此首系《书刘子梅谱·其二》。

竹

郡城去海不为遥，墨箨[1]淋漓以郁蛟。莫遣风来吹一叶，恐于笺上作波涛。[2]

昨宵风雨折东园，那许从天乞一竿。数叶传神为不朽，儒寒道瘦任人看。[3]

林梢片石墨初笼，冻笔勾寒入指中。急遣苍头沽一榼，破帘穿日荡杯红。[4]

昨夜窗前风月时，数竿疏影响书帏。今朝榻向溪藤上，犹觉秋声笔底飞。[5]

桃叶渡头一见君，为言岸上石榴裙[6]。相逢无钱可买醉，赠与竹枝撩白云。[7]

君去新昌五月时，都门日近火云移。赠君数叶迎风物，并入高帆一道吹。[8]

胡麻绿菽[9]两尖堆，回施无他写竹回。卷去忽开应怪叫，皂龙抽尾扫风雷。[10]倒竹。

注释

〔1〕箨（tuò）：竹笋皮，代指竹子。

〔2〕此首系《竹·其二》。

〔3〕此首系《竹·其四》。

〔4〕此首系《竹·其五》。

〔5〕此首系《竹·其九》。

〔6〕石榴裙：泛指美人的衣饰。

〔7〕此首系《写竹与某》。

〔8〕此首系《都门五月写送某君之官新昌》。

〔9〕胡麻绿菽（shū）：胡麻，芝麻。菽，豆类总称。

〔10〕此首系《写倒竹答某饷》。

菊、竹

若不重阳贳[1]一壶，那能了此菊花逋。竹梢墨色潮如此，试看明朝有雨无。[2]

注释

〔1〕贳（shì）：赊欠。

〔2〕此首系《菊竹》。

菊

身世浑如拍海舟，关门累月不梳头。东篱蝴蝶闲来往，看写黄花过一秋。[1]

经旬不食似蚕眠，更有何心问岁年。忽报街头糕五色，西风重九菊花天。[2]

注释

〔1〕此首系《画菊·其一》。

〔2〕此首系《画菊·其二》。

水仙、杂竹

二月二日涉笔新，水仙竹叶两精神。正如月下骑鸾[1]女，何处堪容食肉人[2]。[3]

注释

〔1〕鸾：传说中凤凰之类的神鸟。

〔2〕食肉人：代指俗人。此处化用宋朝苏轼《於潜僧绿筠轩》“宁可食无肉，不可使居无竹。无肉令人瘦，无竹令人俗”中的寓意。

〔3〕此首系《水仙杂竹》。

荷

一瓣真成盖一鸳，西风卷地仅能掀。花枝力大争狮子，丈六如来[1]踏不翻。[2]

子建相逢恐未真，寄言个是洛川神[3]。东风枉与涂脂粉，睡老鸳鸯不嫁人。[4]

五月莲舟苎浦头，长花大叶插中流。即令遮得西施面，遮得歌声度叶不？[5]

注释

〔1〕丈六如来：传说如来佛祖是丈六金身。

〔2〕此首系《荷·其三》。

〔3〕子建相逢恐未真，寄言个是洛川神：三国时期文学家曹植，字子建。其在《洛神赋》中写道“黄初三年，余朝京师，还济洛川。古人有言：斯水之神，名曰宓妃。感宋玉对楚王神女之事，遂作斯赋”。

〔4〕此首系《荷·其五》。

〔5〕此首系《荷·其七》。

牡丹

五十八年贫贱身，何曾妄念洛阳春。不然岂少胭脂在，富贵花将墨写神。[1]

为君小写洛阳春，叶叶遮眉巧弄颦。终是倾城娇绝世，只须半面[2]越撩人。[3]遮叶。

注释

〔1〕此首系《牡丹》。

〔2〕半面：指牡丹被叶片遮住了一半。

〔3〕此首系《遮叶牡丹》。

梨花

带烟笼雾自生香，薄粉浓铅不用妆。莫以轻盈窥宋玉[1]，凭将淡白恼何郎[2]。[3]

注释

〔1〕宋玉：战国时期楚国士大夫宋玉，历史上有名的美男子。他在《登徒子好色赋》里虚构了东家之子这样一位美女，说她对自己暗生爱慕："此女登墙窥臣三年，至今未许也。"

〔2〕何郎：三国时期魏国的何晏，历史上有名的美男子。其仪容俊美，平日喜欢装扮自己，粉白不离手，人称"傅粉何郎"。

〔3〕此首系《梨花·其三》。

葡萄

半生落魄已成翁，独立书斋啸晚风。笔底明珠无处卖，闲抛闲掷野藤中。〔1〕

数串明珠挂水清，醉来将墨写能成。当年何用相如璧，始换西秦十五城〔2〕。〔3〕

自从初夏到今朝，百事无心总弃抛。尚有旧时书秃笔，偶得蘸墨点葡萄①。〔4〕

昨岁中秋月倍圆，海南母珠大鼾眠②。明珠一夜无人管，迸向谁家壁上悬？〔5〕

王生昔日好容颜，今日相逢范叔寒〔6〕。赠与明珠三百颗，谁知一颗不堪餐。〔7〕王生索写。

校勘

① 偶得蘸墨点葡萄：原诗应为“偶将蘸墨黠葡萄”。

② 海南母珠大鼾眠：原诗应为“海南母蚌太鼾眠”。

注释

〔1〕此首系《题葡萄图》。

〔2〕当年何用相如璧，始换西秦十五城：此处借用蔺相如前往秦国假以和氏璧换秦国十五座城池，最后“完璧归赵”的典故，突显葡萄剔透如碧玉的特质。

〔3〕此首系《葡萄·其二》。

〔4〕此首系《葡萄·其三》。

〔5〕此首系《葡萄·其四》。

〔6〕范叔寒：范叔，战国时期著名政治家范雎，字叔。范叔寒，形容穷困至极，出自《史记·范雎蔡泽列传》：“须贾意哀之，留与坐饮食，曰：‘范叔一寒如此哉!’乃取其一绨袍以赐之。”

〔7〕此首系《王生索写葡萄》。

芭蕉、玉簪

烂醉中秋睡起迟，苍蝇留墨研头池。合欢翠扇遮羞面，白玉搔头〔1〕去嫁谁？〔2〕

注释

〔1〕白玉搔头：本指玉簪，这里形容玉簪花姣好的容颜。

〔2〕此首系《芭蕉玉簪》。

杏花

道人懒为着色物，偶施小茜〔1〕作嬉游。人言杏花可摘卖，挂向街头试买不？〔2〕

注释

〔1〕茜：大红色。

〔2〕此首系《杏花》。

雪粉团

北斗垂天锦帐横，景阳〔1〕催妾未鸡鸣。灯昏镜暗妆无准，糁粉过眉与鼻平。〔2〕

注释

〔1〕景阳：景阳钟，南朝齐武帝以宫深不闻端门鼓漏声，置钟于景阳楼上。宫人闻钟声以早起装饰。

〔2〕此首系《雪粉团》。

题《折花美人图》

高髻阿那[1]长袖垂，玉钗仿佛挂罗衣。折得花枝向宝镜，比妾颜色谁光辉？[2]

注释

〔1〕阿那：婀娜。

〔2〕此首系《题〈折花美人图〉》。

茉莉花

南海曾经驻客骖，芳称茉莉荔称甘。如今画里看花色，记得依稀似海南。[1]

注释

〔1〕此首系《茉莉花》。

剪春萝、垂丝海棠

美人睡不足，春愁奈若何，垂丝绿窗下，聊为绣春罗。[1]

注释

〔1〕此首系《剪春罗垂丝海棠》。

石榴、荷花

画得荷花朵，傍依海石榴。西施夜浴罢，催火照梳头。[1]

注释

〔1〕此首系《石榴荷花》。

写竹答年礼

羹鲤稻粱餐，沉思欲答难。只裁残拜帖，写竹当春盘[1]。[2]

注释

〔1〕春盘：古代风俗，立春日以韭黄、果品、饼饵等簇盘为食，或馈赠亲友，称春盘。

〔2〕此首系《写竹答许口北年礼》。

写兰与仙华

仙华学杜诗，其词拙而古。如我写兰竹，无媚有清苦。[1]

注释

〔1〕此首系《写兰与仙华子》。

蒲桃[1]

闻道羌蒲桃，家家用醅酒[2]。老夫画笔渴，此时堪一斗。[3]

注释

［1］蒲桃：葡萄。

［2］醅酒：酿酒。

［3］此首系《蒲桃》。

独喜萱花到白头图

问之花鸟何为者，独喜萱花到白头。莫把丹青等闲看，无声诗里诵千秋。[1]

注释

［1］此首系《独喜萱花到白头图》。

木笔花

束如笔颖放如莲，画笔临时两斗妍。料得将开园内日，霞笺雨写墨青天①。[1]

校勘

① 霞笺雨写墨青天：原诗应为“霞笺雨墨写青天”。

注释

［1］此首系《木笔花》。

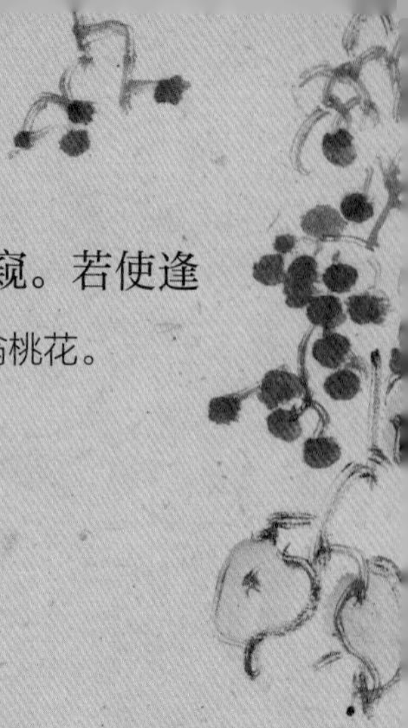

题画

白头翁亦恋花枝，飞上桃花影自窥。若使逢花不能赏，也应花鸟笑人痴。[1]白头翁桃花。

注释

〔1〕此首系《题画·其一·白头翁桃花》。

朱太仆扇面花鸟

湘箑金泥半月欹，海棠淡淡抹胭脂。多情更着啼春鸟，立软娇枝未肯飞。[1]

注释

〔1〕此首系《朱太仆扇面花鸟》。

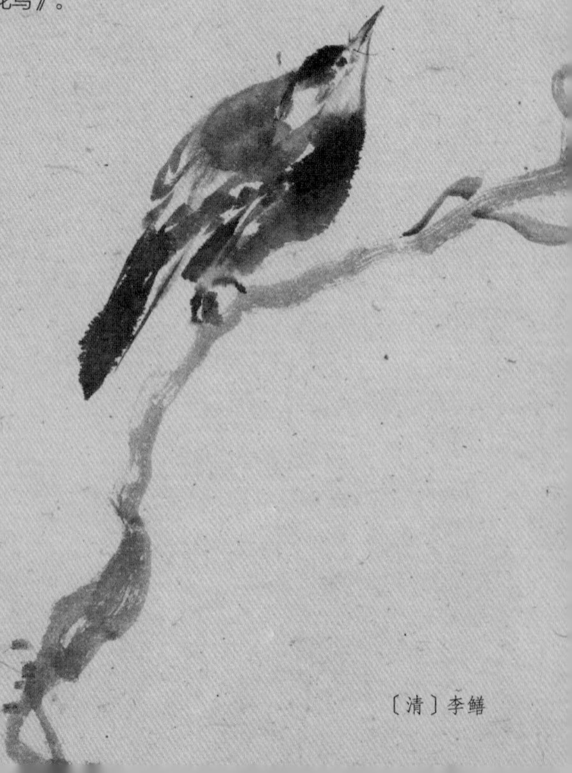

〔清〕李鳝

烟花醉酒

又名想当然。

元宵佳节，无花虚度，预约友朋，各备花灯，不拘借购，大会有以园，即秉烛夜游之桃李园也。堂上围以百花灯屏，中作山灯，缀以孟叔[1]观莲，渊明赏菊各故事，周挂五彩花卉、八方厘柁[2]、雪花等灯，园林高扎松亭，悬以各色小灯。如牡丹、芍药、莲花，皆朵大可灯，散置台榭池畔；绣毬、山茶亦可灯，仍系原树之上；罂粟、海棠灯亦安本盆之中。或以月灯挂梅梢，或以鱼、蟹、虾、鳌灯插水上，又将鹤、蝶、鹊、□灯上下杂置各陆卉之间。抵暮，酒殽既陈，宾主就坐，明灯齐燃，鼓乐并作，更有烟花如丈菊、梨花，与火炮合放，蔽空铺地，不觉心目旷然，莫知所措，如在琉璃光王[3]佛国，不知为人世间事也。少焉促席畅饮，无非行花令、掷花骰，一如春花欢饮。于时又有灯谜置前，宾朋互猜，中者举盏共庆，否则受罚，直至谜完酩酊，相扶而散。时人目为烟花醉酒。

注释

〔1〕孟叔：五代十国时期后蜀皇帝孟昶，其在成都遍植芙蓉花，秋天芙蓉花开四十里如锦绣。

〔2〕八方厘柁：疑为船舵。

〔3〕琉璃光王：药师佛，佛教东方净琉璃世界之教主。

译文

题注：本文又名想当然。

元宵佳节，无花可赏，预先邀请好友，各自准备花灯，借或买皆可，一同秉烛夜游桃李园。堂上用百花灯做成屏风，中间点上山灯，用“孟昶观莲”“陶渊明赏菊”等各种故事点缀，周围挂上五彩花卉、船舵、雪花等灯，再在松亭挂上各种颜色的小灯。牡丹、芍药、莲花等花花朵很大，可以用来做花灯，零散布置在台榭池畔；绣球、山茶也可以做成花灯，仍挂在原来的树上；罂粟、海棠的花灯则放在花盆中。或将月灯挂在梅梢，或将鱼、蟹、虾、鳖灯插在水上，又将鹤、蝶、鹊、□灯随意布置在各种陆生花卉中间。等到夜幕降临，酒菜都已端上桌，宾客和主人也都入席坐下，明亮的花灯一齐点燃，鼓乐合奏，再加上如菊花、梨花一般的烟花，与火炮一齐燃放，火花遮蔽天空，铺满地面，让人顿觉旷达洒脱，好像置身于药师佛所在的净琉璃世界，不知道是否是人世间的场景了。过了一会儿，在席间畅饮，行花令，掷花骰，仿佛参加了一场春宴。这时，眼前又有灯谜，宾客朋友互相竞猜，猜对了就举起酒杯一起庆祝，猜不对就要接受处罚，直到灯谜猜完，宾客大醉，相互搀扶着离开。当时在场的人都称之为“烟花醉酒”。

灯谜

月月红——朱笔写朋字。

水仙——纯阳飞过洞庭湖。

竹子——张草鞋赶丰亭何干。

桃——一去不回。

枣——鸡鸣而起。

瑞香——零陵做草为。

金钱花——不用火铸不上串，只好惹得贫人叹。

松——人老他不老，一年四季惟他好，身披鳞甲足露爪，落下毛来有人扫。

金银花——打不得首饰，买不得衣，籴不得米粮，救不得饥，世间有此虚名物，空自黄白结成堆。

“春”“夏”“秋”“冬”四字——三人同日去观花，百友原来共一家，木火二人相对坐，夕阳桥下一双瓜。

竹夫人——夫妻情通意不通，满眼乌珠肚里空，黄叶落时奴回去，荷花出水又相逢。

鸡——一朵芙蓉头上栽，战衣不用剪刀裁，虽然不比英雄将，喝得千门万户开。

豆芽菜——有根不着地，有叶不开花，城里城外有，家家不种他。

豆芽菜——碧蕊锭银花，金须间玉芽，街头乘露□，日出即归家。

火炮——叠叠重重包裹，中间一点赤心，威风能震天地，奈何不知保身。

草鞋——少时青青老来黄，十分敲打结成双，送君千里终须别，弃旧怜新撇路傍。

杖——用则行，舍则藏，惟我与尔；危不持，颠不扶，将焉用彼。

走马灯——但见争城以战，不见杀人盈城，是气也，而反动其心。

走马灯——团团游了又来游，无个明人指路途，除却心头三昧火，铯刀人马一齐休。

弹棉花——莫不是子牙谓水滩头钓，莫□□□□流水高山操，只听得白云堆里数声雷，□□□□花满地，无人扫。

木屐——可以托六尺之孤，可以寄百里之命，遇刚则铿然有声，遇柔则没齿无怨。

镜——南面而立，北面而朝，象忧亦忧，象喜亦喜。

等子——贱骨头，□郎君打扮，我爱他识重知轻，他□也心多不乱。

香炉——□□□□□□□□□□言，有脚不闲行，有口不说是和非，有时热心肠，有时心灰意冷。

破锅——一人有疾，一家不安，一贴补药，此病得痊；拜上大娘二娘，不要炒刮，你若炒刮，这病又发。

人影——千里随身不念家，不贪茶酒不贪花，水火刀兵都不怕，日落西山不见他。

笔——生根出处在扬州，搬来住在竹山头，乌龙□里去取水，白沙滩上去闲游。

印——小小身儿不大，千两黄金无价，抹搽满面胭脂，常在花前月下。用印必于年月之下、花押之前。

蛛网——南阳诸葛亮，独坐中军帐，摆开八卦阵，要捉飞来将。

磨子——山叠叠不高，路迢迢不远，雷轰轰不雨，雪飘飘不寒。

筭盘——一宅分为二院，五郎二女成家，两家打得乱如麻，打得清明才罢。

骰子——姊妹们，最轻狂，穿红着绿引才郎，苦了多少风流客，害了多少富家郎。

灯毬——我有红圆子，治赤白带下，每服三五丸，临夜□酒下。

“点”字——寒则重重叠叠，热则四散分流，四个在县，三个在州，在村里只在村里，在市头只在市头。

“用”字——一月复一月，两月共半边，上有可耕之田，下有长流之川，六口共一室，两口不团圆。

“用”字——重山复重山，重山向下悬，明月复明月，明月两相连。

“卜”字——上无半片之尾，下无立锥之地，腰间挂着一个葫芦，到有些阴阳之气。

“四”字——三王是我兄，五帝是我弟，欲罢而不能，因非而得罪。

“田”字——四山纵横，两日绸缪，富是他起脚，累是他起头。

“王”曰“叟”二字——两山相对背相连，两山相对面相连，两山相对不相连，一笔文峰插上天。

“门”字——倚阑干东君去也，霎时间红日西沉，灯闪闪人儿不见，闷淹淹笑语无心。

“赏”字——生员与和尚角口，和尚不成和尚，生员不成生员。

“秃”字——莺莺烧夜香，香头儿放在香几上，我只道是张秀才，原来是法聪和尚。

慨叹多致。

晚年既不敢滥交游，以远是非，又不敢亲声色，以保性命，是寻花问柳乃偷闲人第一事也。自必遇景留连，花情柳意，未有不目击而心赏者也。若匆匆一过，不能领略，与跑马放舟路草岸花何异？若因以慨世，或用以自儆，此又触景会心，不为物移事溺之妙用也，岂特逸事而已也欤哉？

译文

题注：感慨颇多。

晚年既不敢胡乱结交朋友，以远离是非，又不敢沉迷于歌舞和女色，以保全自己的性命，于是探访各处美景就成了我这闲散之人的首要大事。自此，定是遇到美景就不舍离去，花有情柳有意，一切都看在眼里，赏在心里。如果只是匆匆而过，不能用心欣赏，这和骑着奔跑的马观赏路边的草，在飞驰的船上欣赏岸边的鲜花有什么不同呢？如果因此感慨万千，或者以此来自我反省，也是由景及心，不因外物变化而改变自己啊，这难道不是未见于正式记载的逸事吗？

看桃

园东种桃百株，春来开放，红白交错，绿叶□带，含烟笑日，姿媚百出，剪子仰望，真一片锦绣乾坤。坐饮其下，花枝照酒，暗香袭人，醉卧芳草，□红扑面，放歌咏怀，不觉夕阳西坠，归思“岁岁相□”之句〔1〕，与“秉烛夜游”之文〔2〕，喟然叹曰：“人生几何，不□奚求，不知桃花洞口，尚可见容否？”

注释

〔1〕“岁岁相□”之句：疑指《代悲白头翁》中的诗句“年年岁岁花相似，岁岁年年人不同”。

〔2〕“秉烛夜游”之文：指东汉末期的五言诗《古诗十九首·生年不满百》“生年不满百，常怀千岁忧。昼短苦夜长，何不秉烛游！为乐当及时，何能待来兹？愚者爱惜费，但为后世嗤。仙人王子乔，难可与等期”。

译文

园子东边种有几百株桃树，春天来了，桃花盛开，花朵红白交错，绿叶□带，在阳光的照射下仿佛带着氤氲雾气，姿态百般娇媚，抬头欣赏，真是一片绚烂美好。在桃树下坐着饮酒，花枝倒映在酒杯中，清幽的香气袭人，醉卧于芳草地上，□红迎面而来，放声高歌抒发情怀，不知不觉夕阳西下，归来想起“岁岁相□”的诗句和“秉烛夜游”的诗文，叹息道：“人生在世多少年，不□求什么，只是不知道桃花源的洞口在哪里，里面还可以容纳他人吗？”

望柳

小楼临溪，周岸种柳，春日登眺，色最撩□。正月上旬，柔弄鹅黄，二月娇拖鸭绿，截雾横烟，隐约万树，欹风障雨，潇洒长林。爱其分绿引红，终为牵愁惹恨，风流意态，尽入楼中。春色萧骚[1]，扰我衣袂间矣。□眠午足，雪滚花飞，上下随风，若絮浮万顷，缭绕歌楼，飘横僧舍，点点共酒旆悠扬，阵阵追燕莺飞舞，沾泥逐水，岂特可入诗料？要知身色幻影，是即风里杨花[2]。[3]随付间必[4]书楼额“浮生若寄”四字以记之。每得触目警心，世事皆冷。间必乃善书人，时有“颜觔柳骨，钟情王态[5]”之称，故付与书。

注释

〔1〕萧骚：形容景色冷清。

〔2〕风里杨花：风中的杨花飘浮不定，比喻事情或事物变化不定。

〔3〕正月上旬，……是即风里杨花：借鉴了《遵生八笺·四时调摄笺（上）》。

〔4〕间必：据下文可知为人名，具体不详。

〔5〕颜觔柳骨，钟情王态：颜，唐朝书法家颜真卿；柳，唐朝书法家柳宗元；钟，三国时期书法家钟繇；王，东晋书法家王羲之。此处指间必的书法技艺高超。

译文

小楼临近小溪，岸边种着柳树，在晴朗的春日登高远眺，景色最让人心动。正月上旬，柳枝柔软显现出鹅黄色，二月春水波光粼粼，云雾缭绕，隐约间仿佛有千万棵树，斜倚着风，遮挡着雨，姿态飘逸，株型高大。最是喜爱这景致，牵扯着愁绪，风韵气度、万千仪态，全都可以在楼中饱览。春色尚有些冷清，在我衣袖间纷扰。午睡醒来，柳絮像雪花纷飞，随风上下起舞，漂浮在广阔的天地间，围绕着歌楼，飘荡在僧人的禅房里，与酒旗一起翻飞，一阵阵追着燕子和黄莺，沾染着泥，追逐着水，此景难道不值得写进诗文吗？这虚幻不定的东西，其实就是风中漂浮的杨花啊。随着这篇文章附上间必所题的“浮生若寄”四字作为记载。每次看见都会有所触动，世事也就都放下了。注：间必善于书法，所写之字有“颜筋柳骨，钟情王态”之称，因此附上他的书法作品。

宿荷[1]

阁踞湖中，下种红白莲花，方广数亩。夏日清芳，隐隐袭人，霞标云彩，弄雨欹风，芳华与四围柳色交映，倚槛把盏，凉风透体，恋恋忘去。少焉，月香度酒，露影湿衣，欢对醉倾，枕藉阁中，俨共净友，联床清梦，直入匡庐莲社[2]矣，较与红翠相偎，衾枕相狎，胜万万也。更愿后□与君常住净土，勿令趋炎附势者知有此清凉□田也。

注释

〔1〕《宿荷》借鉴了《遵生八笺·四时调摄笺（下）》。

〔2〕匡庐莲社：匡庐，指庐山。相传殷周时期有匡俗兄弟七人在庐山结庐而居，故称。莲社，指白莲社。东晋高僧释慧远于庐山东林寺结社精修念佛三昧，掘池栽种白莲，并将此地称为“白莲社”。

译文

阁楼坐落在湖中，湖下种着红、白两种颜色的莲花，盛开时，方圆数亩全是莲花。夏天清雅的芬芳隐约袭人，成片开放的莲花像云彩一般，戏耍着雨水，斜倚着风，娇艳的花朵和四周的柳树相互映衬。倚靠着栏杆饮酒，任由清凉的风吹拂着身体，不忍离去。不一会儿，明月倒映于酒中，露水沾湿了衣裳，举杯畅饮，醉了便在阁中躺下，仿佛和高洁的莲花共卧一床，在梦境里进入庐山白莲社，这与和美人依偎亲近相比，胜过千万倍。更希望以后□能和莲花久居这没有俗气浸染的清净之地，不要让那些趋炎附势之人知道有如此清净凉□的地方。

〔明〕陈洪绶

折桂

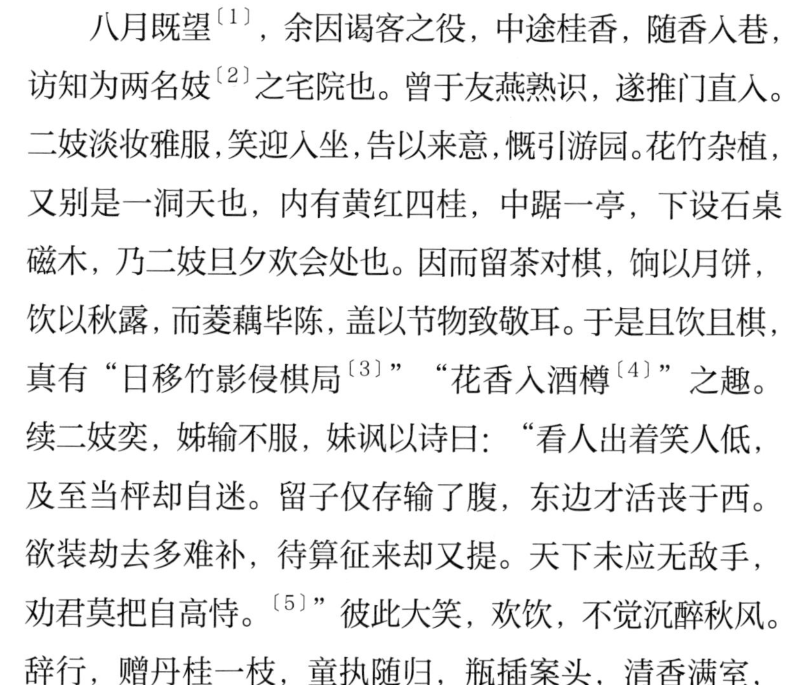

八月既望[1]，余因谒客之役，中途桂香，随香入巷，访知为两名妓[2]之宅院也。曾于友燕熟识，遂推门直入。二妓淡妆雅服，笑迎入坐，告以来意，慨引游园。花竹杂植，又别是一洞天也，内有黄红四桂，中踞一亭，下设石桌磁木，乃二妓旦夕欢会处也。因而留茶对棋，饷以月饼，饮以秋露，而菱藕毕陈，盖以节物致敬耳。于是且饮且棋，真有“日移竹影侵棋局[3]”“花香入酒樽[4]”之趣。续二妓奕，姊输不服，妹讽以诗曰：“看人出着笑人低，及至当枰却自迷。留子仅存输了腹，东边才活丧于西。欲装劫去多难补，待算征来却又提。天下未应无敌手，劝君莫把自高恃。[5]”彼此大笑，欢饮，不觉沉醉秋风。辞行，赠丹桂一枝，童执随归，瓶插案头，清香满室，恍入灵鹫[6]、金粟[7]世界，身心俱幽。回思奕亭景况，可谓亲到月宫一度，未许明皇独擅其美[8]也。

注释

〔1〕八月既望：农历八月十六日。

〔2〕妓：女歌舞艺人。

〔3〕日移竹影侵棋局：出自宋朝罗处约《句·其二》。

〔4〕花香入酒樽：出自宋朝刘少逸《句》，原诗为“风递花香入酒樽”。

〔5〕看人出着笑人低，……劝君莫把自高恃：改编自宋朝戴昺《观败棋者戏作》“看人出着笑人低，及至当枰却自迷。角上仅全输了腹，东边才活丧于西。欲装劫去多难补，待算征来恰又提。天下未应无妙手，劝君莫爱墨狻猊”。

〔6〕灵鹫：山名，佛教圣地，在古印度摩揭陀王国王舍城的东北方，山中多鹫，故

名；或云因山形像鹫头而得名。

〔7〕金粟：金粟如来的简称。

〔8〕明皇独擅其美：唐玄宗（唐明皇）游月宫的传说。

译文

八月十六，我在拜访他人的途中闻到了桂花的香味，寻着香味进入巷子，探访之下得知其出自两位名伎的宅院。我曾经在朋友那儿熟识她们，于是直接推门进去。两位女子画着淡雅的妆容，身着素雅的服饰，笑着迎我入院，我将拜访的意图告诉她们，她们便慷慨地带我游园。园中花与竹交错种植，别有一番景象，园内有黄、红两种颜色的桂花四棵，中间有一座亭阁，其中摆放了石桌磁木，是二伎早晚聚会的地方。于是我留在这里品茶下棋，吃月饼，饮秋露，菱角和藕都端了上来，尽是适合中秋品尝的食物。我们一边饮酒一边下棋，真有“日移竹影侵棋局”“风递花香入酒樽”的乐趣。两位名伎对弈，姐姐输了不服气，妹妹用诗讥讽到：“看人出着笑人低，及至当枰却自迷。留子仅存输了腹，东边才活丧于西。欲装劫去多难补，待算征来却又提。天下未应无敌手，劝君莫把自高恃。”两个人都笑起来，高兴地喝酒，不知不觉就在秋风中沉醉了。与二位辞别时，她们赠送一枝丹桂给我，书童拿着花枝回家，插在瓶中放到书桌上，于是满屋都是清幽的香味，让人仿佛进入灵鹫山和金粟如来的世界，身心都沉静下来。回想在亭中对弈的景况，可谓是亲自到月宫游玩了一趟，不许唐玄宗独占这等美事啊。

探菊

菊为花之隐者，惟隐君子、山人家能蓺之，故不多见，见亦难于丰美。秋来策杖遍访城市林园、山村篱落，更挈茗奴从事〔1〕，投谒花主，相与对花谈胜，或评花品，或较栽培，或诗赋相酬，介酒相劝，擎杯坐月，烧灯醉花，宾主称欢，不忍热别。花去朝来，不厌频过，此兴何乐！〔2〕但篱落岁岁开菊，何以不见渊明？人生皆幻。

注释

〔1〕茗奴从事：泛指奴仆。

〔2〕菊为花之隐者，……此兴何乐：摘自《遵生八笺·四时调摄笺（上）》。

译文

菊花是花卉中的隐者，只有隐士和山中人家能种植，因此并不常见，就算见到了也很难有丰韵美好的姿态。秋天拄着手杖在城郊村落到处寻访，带着仆人，投递名帖求见花的主人，一起对花畅谈，有时评价花品，有时比较栽培的方法，有时吟诗对饮、劝酒敬酒。举着酒杯坐在月下，点着灯赏花，宾客、主人无不愉快，不忍在兴致正佳时辞别。晚上离开，清晨再来，不厌其烦地拜访此地，这是多么快乐呀！只不过篱笆下的菊花年年盛开，为什么却不见陶渊明呢？注：人生都是幻境。

醉梅

梅当岁寒时，万卉失色，独挺然与雪争芳，喻以清趣之美人，高洁之素士，洵不谬也，惟清高人尚之。或效孟浩然所为，每于三冬风雪时，披红毡衫，戴青毡笠，跨一黑驴，用一秃发童子，挈樽相随，踏雪溪山，寻梅林壑。忽得梅花之处，便即傍梅席地，浮觞剧饮，沉醉酣然。〔1〕攀折数枝，归插案头瓶，幽香满室，恍坐玄圃〔2〕，又何必孤山三百六十株为也？若遇天霁，开窗邀月，洗盏更酌，含杯吟赏，暗香流动，疏影横斜，追思妻梅子鹤之况〔3〕，竟不觉夜之深，兴之阑，玉山倾颓〔4〕矣。

注释

〔1〕每于三冬风雪时，……沉醉酣然：借鉴了《遵生八笺 · 四时调摄笺（上）》。

〔2〕玄圃：传说中位于昆仑山顶的神仙居所，里面有奇花异石。

〔3〕暗香流动，……追思妻梅子鹤之况：此处指宋朝诗人林逋隐居西湖孤山，梅妻鹤子的典故。其在《山园小梅 · 其一》中写道：“疏影横斜水清浅，暗香浮动月黄昏。”

〔4〕玉山倾颓：形容喝醉酒后东倒西歪的样子。

译文

在一年中最寒冷的时节，各种花卉都凋零时，梅花却独自挺立，与雪花争芳，用清幽的美人、高洁之士比喻它，确实没错，只有品德高尚的人才会喜欢它。我有时会效仿孟浩然的做法，在隆冬刮风下雪的时候，披着红色毡衫，戴着青色毡笠，骑着一匹黑色的毛驴，让一个秃头的书童带着酒壶跟着，踏过满是积雪的山谷，在深林中寻访梅花。忽然找到了一处有梅花的地方，就在梅树旁席地而坐，举起酒杯痛痛快快地饮酒，畅快不已。折上几枝梅花，回来插在书桌上的花瓶中，满屋子都是清幽的香气，恍然间仿佛坐在神仙的居所，又何须在孤山上种三百六十株梅花呢？如果碰巧天气晴朗，便打开窗户，洗净酒杯与明月共饮，端着酒杯吟诗赏景，暗香浮动，梅花疏疏落落，花枝的倒影投射在水中，让人想到林逋梅妻鹤子的景况，不知不觉夜已深，兴致尽了，人也已经醉得站立不稳。

〔清〕董诰

蕊宫杂记

非有心人不能悉此。

赏花不晓花之底里，不过涂朋店友，安能称知己哉？即日赏月玩，终属皮相，了不相关也。兹乃考古证今，凡花之出处事实，悉为汇集，而花之高致与逸韵，皆为点示，使观者从觉悟中注目，自得物外之深趣也。至以之为诗料、为谈柄，无一而不可也，故名《蕊宫杂记》。

译文

题注：不是有心之人不能记载得如此详尽。

赏花却不知道花的内在品性，就不过是泛泛之交，怎么能说是知己呢？就算每天、每月都赏玩，也终归是观外表，与内在完全无关。于是考古证今，将所有花卉的来历、事实，全部收集起来，而其中有关花木韵致品格的，都用点加以标示，让看的人能够关注到重点，获得超出外在的、更有深度的乐趣。至于把它作为写诗的材料，作为谈柄，都是可以的，因此命名为《蕊宫杂记》。

牡丹[1]

《花谱》，唐人谓之木芍药。《本草》，一名鹿韭，一名鼠姑。《酉阳杂俎》[2]：“《谢康乐集》中言：‘永嘉竹间水际多牡丹。’”北齐杨子华[3]有画牡丹极佳。则知此花其来亦已久矣。然土产虽出于丹州、延州、青州、越州[4]等处，惟出于洛阳者，为天下第一。

注释

〔1〕《牡丹》摘自明朝彭大翼所作类书《山堂肆考》。

〔2〕《酉阳杂俎》：唐朝段成式撰写的笔记小说集。

〔3〕杨子华：南北朝时期北齐画家，擅画人物、宫苑、车马等。

〔4〕丹州、延州、青州、越州：丹州，今陕西省延安市宜川县。延州，今属陕西省延安市。青州，今属山东省青州市。越州，今属浙江省绍兴市。

译文

据《花谱》记载，唐朝人将牡丹称为“木芍药”。《神农本草经》记载，牡丹别称“鹿韭”“鼠姑”。《酉阳杂俎》中写道：“《谢康乐集》中言：‘永嘉竹间水际多牡丹。’”而南北朝时期北齐画家杨子华画的牡丹极佳。据此可知，牡丹的历史可以追溯到很久以前了。不过，虽然丹州、延州、青州、越州等地都产牡丹，但只有洛阳的牡丹才是天下第一。

芍药花[1]

牡丹之亚也，百花之中，其名最古。《本草》注，一名将离，一名可离。君子谓此花独产于广陵者，为得风土之正，亦犹牡丹之品，洛之外无传焉。

注释

〔1〕《芍药花》摘自《山堂肆考》。

译文

芍药比牡丹略逊一等，在百花中，芍药是最古老的。《神农本草经》记载，芍药又称“将离”“可离”。君子说广陵产的芍药最为纯正，这也和牡丹只有产自洛阳的最佳一样。

〔清〕杨晋

琼花[1]

扬州后土庙琼花，或云自唐人所植，树大花繁，洁白可爱，天下独此一株，故宋欧阳修为扬州作无双亭[2]以赏之。宋郑惠肃公兴裔[3]《琼花辩》曰：“琼花天下无双，昨因戈骑侵轶，或谓所存非旧，疑黄冠[4]辈，以聚八仙花种其处，及睹郡圃中聚八仙，与琼花不同者有三：琼花大而瓣厚，其色淡黄，聚八仙花小而瓣薄，其色微青，不同者一也；琼花叶柔平莹泽，聚八仙叶粗而有芒，不同者二也；琼花蕊与花平，不结子而香，聚八仙蕊低于花，结子而不香，不同者三也。”余尚未敢自信，尝取二花杂示儿辈，皆能识而别之，乃始无疑。

注释

〔1〕《琼花》摘自《山堂肆考》。

〔2〕无双亭：为宋朝欧阳修在扬州所建。欧阳修在《与韩忠献王·其八》中写道：“独平山堂占胜蜀冈，江南诸山一目千里，以至大明井、琼花二亭。此三者，拾公之遗，以继盛美尔。（大明井曰美泉亭，琼花曰无双亭。）”

〔3〕郑惠肃公兴裔：郑兴裔，字光锡，宋朝显肃皇后郑氏的外家三世孙，谥号忠肃。本文中作“惠肃公”，疑有误。

〔4〕黄冠：道士之冠，代指道士。

译文

扬州后土庙中栽有琼花树，有人说是唐朝人种植的，这棵树株型高大，花朵繁多，花色洁白，让人喜爱，天下仅此一株，因此宋朝的欧阳修在扬州修建了无双亭专门欣赏琼花。宋朝郑兴裔在《琼花辨》中说，琼花天下无双，之前女真族人曾攻陷扬州，有人说现存的琼花并不是过去的了，怀疑是道士们将聚八仙花种在了这里。郡圃中的聚八仙和琼花有三个不同之处：琼花的花朵大而且花瓣厚实，颜色呈淡黄色，聚八仙花朵小而且花瓣薄，颜色呈淡青色，这是第一个不同的地方；琼花的叶片柔软且晶莹润泽，聚八仙的叶片粗糙且长有芒刺，这是第二个不同的地方；琼花的花蕊与花朵齐平，不结种子而且带芳香，聚八仙花蕊比花瓣低，结种子但是没有芳香，这是第三个不同的地方。我尚且不是很相信这种说法，曾将这两种花混杂在一起给孩子们看，孩子们都可以认出它们并且分辨不同的特性，我这才开始确信无疑。

玉蕊花[1]

玉蕊花所传不一，唐李卫公以为琼花[2]，宋曾端伯以为杨花[3]，黄山谷以为山矾[4]，有又以为米囊者，皆非也。宋平园老叟周必大[5]云："余昔因亲旧自镇江招隐寺来，远致一本，条蔓如荼蘼，种之轩槛，冬凋春茂，柘叶紫茎，再岁始着花，久当成条，花苞初甚微，经月渐大，暮春方出，须如冰丝，上缀金粟，花心复有碧筒，状类胆瓶。其别抽一英，出众须上，散为十余蕊，犹刻玉然。"故名。

注释

〔1〕《玉蕊花》摘自《山堂肆考》。

〔2〕唐李卫公以为琼花：李卫公指唐朝政治家、文学家李德裕。其在《招隐山观玉蕊树戏书即事奉寄江西沈大夫阁老》中写道："玉蕊天中树，金闺昔共窥。落英闲舞雪，蜜叶乍低帷。但赏烟霄远，前欢岁月移。今来想颜色，还似忆琼枝。"

〔3〕宋曾端伯以为杨花：曾端伯，即宋朝诗人曾慥。他在《高斋诗话》中写道："今玚花即玉蕊花。"本文中的"杨花"疑为误写。

〔4〕黄山谷以为山矾：黄山谷，即宋朝文学家黄庭坚。其在《戏咏高节亭边山矾花二首》的序中写道："江南野中，有一小白花，木高数尺，春开极香，野人号为郑花。王荆公尝欲求此花栽，欲作诗而漏其名，予请名山矾。"

〔5〕宋平园老叟周必大：周必大，宋朝政治家、文学家，自号平园老叟。

译文

关于玉蕊花的传闻不一，唐朝李德裕把玉蕊花当成琼花，宋朝曾慥把它当成玚花，黄庭坚把它当成山矾，还有人把它当成米囊，都是不对的。宋朝周必大说，曾有故人从镇江招隐寺来，不远千里送他一株玉蕊花，其枝条像荼蘼花，将它种在栏杆旁，冬天凋零，春天繁茂，叶片像柘树叶，生有紫色的茎，第二年才开始开花，时间久了就长成条状，花骨朵儿刚开始很小，一个月后渐渐变大，春末才盛开，花须像冰丝一般，上面点缀着金色的颗粒，花心又有碧筒，状似胆瓶。还另外抽生一朵花，高于花须，四散生出十几枚花蕊，好像玉刻的一般。因此名为玉蕊花。

桂花[1]

桂，梫木也，一名木犀，丛生岩岭间。桂花数品，或白，或黄，或红，或紫；或花四出，或五出，或重台。四时青青，不改柯易叶。又有一种四季着花，亦有每月一开者，亦有当春着花者，香皆不减于秋桂也。

注释

〔1〕《桂花》摘自《山堂肆考》。

译文

桂花树，也就是梫木，也叫“木樨”，丛生在岩壁、山岭之间。桂花有好几个品种，有白色的、黄色的、红色的、紫色的；有的花有四瓣，有的花有五瓣，有的花是重瓣的。它们四季常青，枝叶不会凋零。还有一种四季开花的品种，也有每月开一次花的品种，另有一种春天开花的，香味不比秋桂逊色。

兰花[1]

香草也，紫茎赤节绿叶，一干一花，花两三瓣，幽香清远可挹。然花有数品，或白，或紫，或浅碧，亦有一干而双头者，花时常在春初。至于蕙，有似于兰，而叶差大，一干而五七花，花时常在夏秋间，香不及兰也。彼有所谓幽兰、猗兰，又此花之别种。

注释

〔1〕《兰花》摘自宋朝谢维新所作类书《古今合璧事类备要》。

译文

兰花是一种香草，拥有紫色的茎、红色的节和绿色的叶，一根枝干上生一朵花，一朵花有两三片花瓣，淡雅的香味清幽远播。不过，兰花有好几个品种，有白色的，有紫色的，有浅绿色的，也有一枝生两朵花的，花期常常在初春。至于蕙，跟兰花有相似的地方，但是叶片差别很大，一枝生五至七朵花，花期在夏、秋之间，香味比不上兰花。还有叫作“幽兰”“猗兰”的兰花，就又是其他品种了。

梅花

赵彦林[1]注："江边曰江梅，在岭曰岭梅，在野曰野梅，官中所种曰官梅。"

腊梅本非梅类，以其与梅同时，香又相近，色酷似蜜脾，故名腊梅。凡三种①：以子种出，不经接，花小香淡，其品最下，俗谓之狗蝇梅；经接花疏，虽盛开，花常半含，名磬口梅，言似僧磬[2]之口也；至于开时朵朵下垂似荷花状者，名照水；又有最先开，色深黄如紫檀，花密香秾，名檀香黄，此品最佳。绿萼梅：凡梅花，跗蒂皆绛紫色，惟此梅纯绿，枝梗亦青，好事者比之仙人萼绿华。[3]

校勘

① 凡三种：此处原摘自宋朝范成大的《梅谱》，其中仅介绍了三种蜡梅，但本书作者孙知伯疑在本文中增加了一种蜡梅——照水，导致文中所载蜡梅变为四种，却未对前文做出相应改动，造成前后矛盾。

注释

〔1〕赵彦林：宋朝人，事迹不详。

〔2〕僧磬：寺庙中敲击以集僧众的鸣器或钵形铜乐器。

〔3〕蜡梅本非梅类，……好事者比之仙人萼绿华：本段除"至于开时朵朵下垂似荷花状者，名照水"之外的内容皆摘自宋朝范成大所撰《梅谱》。

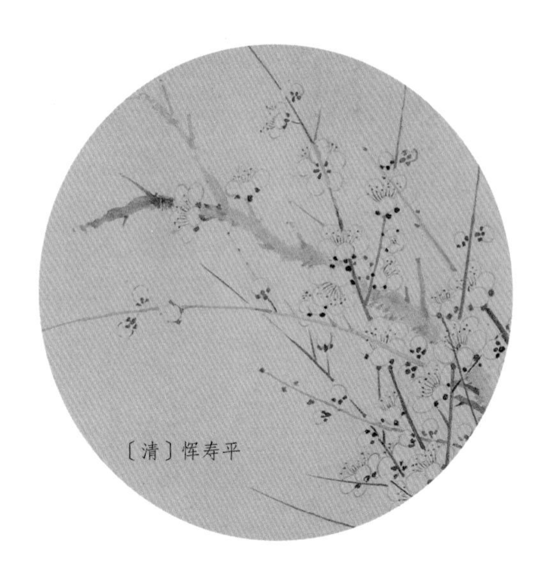

〔清〕恽寿平

译文

赵彦林说，生在江畔的叫“江梅”，在山岭的叫“岭梅”，在荒野的叫“野梅”，在官府种植的叫“官梅”。

蜡梅本来不属于梅花，因为它和梅花的花期相同，香味接近，颜色很像蜜蜂酿蜜的巢脾，因此叫“蜡梅”。蜡梅总共有四种，用种子种出来且没有嫁接的，花朵小，香味淡，是最差的品种，俗称“狗蝇梅”；经过嫁接的蜡梅花朵稀疏，花朵虽然盛开了，但常呈半开状的，叫“磬口梅”，其形态像僧磬；至于开花的时候花朵向下低垂，像荷花的，名字叫“照水”；还有最先盛开，颜色深黄像紫檀，花朵密集，香气浓郁的，叫“檀香黄”，这个品种是最好的。绿萼梅：所有梅花花萼的底部都是绛紫色，只有绿萼梅的是绿色的，枝干和茎也呈青色，有人将它比作仙女萼绿华。

桃花

《礼·月令》："仲春之月，桃始华。"谚云："白头种桃。"又曰："桃三李四，梅子十二。"言桃生三岁便放华，果早于梅、李，故首虽已白，其花子之利可待也。〔1〕

注释

〔1〕言桃生三岁便放华，……其花子之利可待也：摘自宋朝陆佃所作《埤雅·释木》。

译文

据《礼记·月令》记载，桃树农历二月开始开花。谚语说，白头老人种桃也能吃上果子。又说，桃树从栽下到结果要三年，李树要四年，梅子树要十二年。桃树种下后三年就开始开花，结果实的时间比梅子树和李树早，因此就算种树之人已经年迈，也还是可以期待桃树结出果实的。

李花[1]

桃李二花，同时并开，故善评花者言桃则必言李，是此花之可爱不逊于桃也。然桃之为花，妖娆烂熳，独可以昼观，而李之淡泊纤秾，香雅洁密，兼可以夜盼[2]，有非桃之所可得而埒[3]者也。

注释

〔1〕《李花》摘自《山堂肆考》。

〔2〕盼：视，看。此处指欣赏。

〔3〕埒（liè）：等同。

译文

桃花和李花这两种花，花期相同，因此评花之人说桃花就一定要说李花，可见李花值得称赞之处并不逊于桃花。然而桃花娇艳美好、色彩艳丽，只能白天观赏，但是李花素雅繁盛、香味清新，在夜间也能赏玩，它的特色与桃花不同，魅力却与之不相上下。

杏花[1]

乃东方岁星之精，叶似梅而茎大，其色微红，二三月始开，有黄花杏，有多叶杏。

注释

〔1〕《杏花》摘自《山堂肆考》。

译文

杏花是东方朔化作的精灵，叶片很像梅树的叶片，茎大，花朵呈淡红色，二三月的时候盛开，有黄花杏，有多叶杏。

菊花

《尔雅》，菊名治蘠，凡数种，瞿麦为大菊，马兰为紫菊，鸟啄苗为鸳鸯蘠，旋覆花为艾菊。前贤谱之者，或谓有二十七种，或谓有三十五种，或谓有三十六种，今据耳目所接，又不止此。《事文类聚》谓叶有黄白二种，而以黄为正。故余谱先黄而后白。[1]《本草》，菊一名日精，一名周盈，一名傅延年。所宜贵者，苗可以菜，花可以药，囊可以枕，酿可以饮，所以高人隐士篱落畦圃之间，不可一日无此花者也。[2]

注释

〔1〕《尔雅》，……故余谱先黄而后白：摘自《山堂肆考》。

〔2〕所宜贵者，……不可一日无此花者也：摘自宋朝陈景沂所作《全芳备祖》，其中“所宜贵者”应为“所以贵者”。

译文

据《尔雅》记载，菊称为“治蔷”，有好几个品种，瞿麦是大菊，马兰是紫菊，乌啄苗是鸳鸯蔷，旋覆花是艾菊。在前人对菊花的记录中，有的说有二十七种，有的说有三十五种，有的说有三十六种，现在根据所见所闻，又不止这些。《事文类聚》说，菊的叶片有黄色和白色的两种，黄色的最为纯正的。因此我记录的时候以黄色的为先，白色的为后。《神农本草经》中记载，菊花一个名字是“日精”，一个名字是“周盈”，又称“傅延年”，之所以珍贵，是因为它的苗能够做菜，花可以入药，放入囊中可以做枕头，酿成酒可以喝，因此在高人隐士的篱笆院落、田间苗圃中，一天都不能没有菊花。

紫荆花[1]

俗名怕痒花，树身光滑，俗因号为猴刺脱。花瓣紫皱蜡跗，茸萼赤茎，叶对生，每一枝数颖，一颖数花，四五月始华，开谢接续，可至六七月。其花耐久且烂熳可爱。

注释

〔1〕《紫荆花》摘自《山堂肆考》，文章名称本为《紫薇花》，疑误抄为《紫荆花》。

译文

俗名为“怕痒花”，树身光滑，因此又称“猴刺脱”。花瓣呈紫色，皱缩，花萼底部呈蜡质，花萼带茸毛，茎干为红色，叶片对生，每一根枝干上都有好几根小枝，每一根小枝上生有好几朵花，四五月开花，凋谢后再盛开，连续不断，如此一直到六七月。它的花持续时间长而且色彩鲜艳，让人喜爱。

蔷薇花[1]

一名牛勒，一名牛棘，一名刺红。藤身多刺，花或白，或紫，或黄，开时连春接夏不绝，清馥可人。又一种野蔷薇，或号为野客。

注释

〔1〕《蔷薇花》摘自《山堂肆考》。

译文

蔷薇花又称“牛勒”“牛棘”“刺红”。藤条多刺，花朵有白色的、紫色的、黄色的，花期从春天到夏天接连不断，清香馥郁，让人心动。还有一种野蔷薇，有人称其为“野客”。

〔清〕董诰

荷花

《尔雅》："荷，芙蕖也，其茎茄，其叶蕸，其本蔤，其花菡萏，其实莲，其根藕，其中的，的中意。"蔤乃茎下白蒻在泥中者；莲谓房也；的，莲中子也；薏，的中心苦者。又别名曰水芝，曰水华。又杜诗注，产于陆者曰木芙蓉，产于水者曰草芙蓉。[1]然花有红、白、碧、黄等色者；有千叶重台双头者；又有晓起朝日，夜低入水者；又有出于陆而不出于水者，谓之旱莲。

注释

〔1〕又杜诗注，……产于水者曰草芙蓉：宋朝蔡梦弼《杜工部草堂诗笺》中唐朝杜甫《乐游园歌》"青春波浪芙蓉园"一句的注释。

译文

据《尔雅》记载，荷花也称"芙蕖"，它的茎叫"茄"，叶片叫"蕸"，嫩根叫"蔤"，花叫"菡萏"，果实叫"莲蓬"，根叫"藕"，莲子叫"的"，莲子心叫"薏"。蔤就是长在淤泥中幼嫩的根状茎，也就是藕带；莲蓬叫"房"；的就是莲蓬里的种子；薏是莲子中间苦涩的莲子心。荷花别名"水芝""水华"，杜甫诗的注释中说，长在陆地上的是木芙蓉，长在水中的为草芙蓉。然而荷花有红色、白色、绿色、黄色等各种颜色的；有千叶的、重瓣的、双头的；有清晨探头迎着阳光，夜间低头入水的；还有只长在陆地上，不生于水中的品种，叫作"旱莲"。

梨花

春二三月花开尽，始见梨花。又有一种名棠梨，结实大如指，不及梨之大。

译文

春天的二三月，在别的花都凋谢的时候，才见到梨花盛开。还有一种叫“棠梨”的，结的果实像指头一般大，个头比不上一般的梨子。

茉莉花

茉莉花，叶面微皱，无刻缺，性喜地暖，南人畦莳之。开时在夏秋间，六七月始盛。今人多采以薰茶，或蒸其液以代蔷薇露。东坡曰为暗麝[1]，可谓善平章者矣。

注释

〔1〕东坡曰为暗麝：出自宋朝诗人苏轼的残句“暗麝着人簪茉莉，红潮登颊醉槟榔”。

译文

茉莉花叶面略有褶皱，边缘没有锯齿，喜欢温暖的地方，南方人在田里种植。它在夏、秋季开花，六七月进入盛花期，现在人们常采摘茉莉花来做茶，有的人会蒸制茉莉花，并收集由此获取的花露来代替蔷薇露。苏轼说茉莉有暗香，可谓是善于品评花的人了。

海棠花[1]

花本以海为名者，悉从海外来，海棠之类是也。此花五出，初则极红，如胭脂点点然，后则渐成缬晕[2]，比落则若宿妆淡粉，惜有色无香，盖亦未得造化之全耳。惟蜀中嘉州[3]海棠有香，其木合抱；又有所谓似木瓜、林禽二花者，特海棠梨花耳；惟紫绵色者，方谓之真海棠。今江浙间一种柔枝长蒂，颜色浅红，垂英向下如日蔫，乃谓之垂丝海棠。

注释

〔1〕《海棠花》摘自《古今合璧事类备要》。

〔2〕缬晕：红晕。

〔3〕嘉州：今四川省乐山市。

译文

名字中有“海”字的花木都是从海外流传过来的，海棠就是如此。海棠花有五片花瓣，初开时非常红，像是点了胭脂，之后渐渐变为略染红晕，等到快要凋谢的时候就像只抹了淡淡的脂粉，可惜它只有颜色没有香味，大概没有得到大自然的所有眷顾。只有在蜀地嘉州的海棠花有香味，它的树干有两人合抱那么粗；又有所谓像木瓜、林檎两种花的，是梨花海棠；只有紫绵色的才是真正的海棠。现在江浙一带有一种枝条柔软、花蒂较长、呈浅红色的海棠，花朵向下垂着好像晒蔫了一般，称为“垂丝海棠”。

杜鹃花[1]

一名山石榴，一名山踯躅，蜀人号映山红。此花有黄者、紫者、红者、五出者、千叶者，树高四五尺，或丈许，春生苗，叶浅绿，而花极烂熳，杜鹃啼□始开，故名焉。近似榴花样，羊误食其叶则踯躅而死，故又以山踯躅名之。

注释

〔1〕《杜鹃花》摘自《古今合璧事类备要》。

译文

杜鹃花又名“山石榴”“山踯躅”，四川人称它“映山红”。杜鹃花有黄色的、紫色的、红色的、五瓣的、千叶的，树高四五尺，有的高一丈多。春季萌芽，叶片呈浅绿色，花朵的颜色非常艳丽，杜鹃啼叫的时候才绽开，因此得名。杜鹃花与石榴花的外形相似，山羊误吃了它的叶片就会踯躅而死，因此又名“山踯躅”。

芙蓉花[1]

一名木芙蓉，一名木莲，一名拒霜。八九月始着花，天高气肃，春意自如，故有拒霜之名。花有红、黄、白之异，有先红而后白者，又有千叶者。世俗多于近水处栽插，尤觉茂盛。

注释

〔1〕《芙蓉花》摘自《山堂肆考》。

译文

芙蓉花又名“木芙蓉”“木莲”“拒霜”，它八九月开始长出花蕾，在天气晴朗、凉爽之时，展现出春意盎然的样子，因此被称为“拒霜”。芙蓉花有红色、黄色、白色的区别，有的花朵先是红色，后来变成白色，还有的生有上千片叶子。芙蓉花一般栽种在靠近水的地方会生得尤其繁茂。

〔明〕沈周

山茶花

花有数种，有宝珠茶、云茶、石榴茶、海榴茶、踯躅茶、茉莉茶、真珠茶、串珠茶、正宫粉、塞宫粉、一捻红、照殿红、千叶红、千叶白，其中最佳者，宝珠也。或云山茶花，一名海红，又南山茶，葩萼大倍中州者，色微淡，叶柔薄，有毛，结实如梨，大如拳，中有数子，如肥皂子；又有一种叶厚硬，花深红，如中州所出者佳。〔1〕

注释

〔1〕又南山茶，……如中州所出者佳：摘自《全芳备祖》。

译文

山茶花有很多品种，有宝珠茶、云茶、石榴茶、海榴茶、踯躅茶、茉莉茶、珍珠茶、串珠茶、正宫粉、塞宫粉、一捻红、照殿红、千叶红、千叶白，其中最好的是宝珠茶。有人说山茶花还有一个名字叫“海红”，又有一种南山茶，花萼比中州生长的山茶大很多，颜色微淡，叶片柔软、单薄，有毛，结的果实像梨子，拳头般大小，中间有许多种子，像肥皂荚的种子；还有一种叶片又厚又硬，花朵深红的山茶花，与中州产的很像。

水仙花[1]

世以水仙为金盏银台，盖单叶者，其中似一酒盏，深黄而金色。至千叶水仙，其花片卷皱密蹙，一片之中，下轻黄而上淡白，如染一截者，与酒杯之状殊不相似，安得以旧日之名辱之？要之，单叶者当命以旧名，而千叶者乃真水仙云。

注释

〔1〕《水仙花》摘自宋朝杨万里所作《〈千叶水仙〉序》。

译文

世人认为水仙花又叫“金盏银台”，说的都是单叶水仙，其花像一个酒杯，颜色深黄且带有金色。至于千叶水仙，它的花瓣卷曲，有褶皱，下方呈黄色，上方呈淡白色，像染了一截黄色一般，外形和酒杯的样子很不一样，怎么能用过去的名字来侮辱它呢？总体来说，单叶水仙应当用“金盏银台”这个名字，而千叶水仙才是真正的水仙花。

荼蘼花[1]

藤身青茎多刺，每一颖着三叶，叶面光绿，背翠，多缺刻，青跗红萼，及开时变为白，其香微而清。种此花者，用高架引之，盘屈而上，二三月间烂熳可观也。又一种色黄似酒，同时而开，字本作“荼蘼”，又加以“酉”字，作“酴醾”云。

注释

〔1〕《荼蘼花》摘自《山堂肆考》。

译文

荼蘼花的藤生有青色的茎，多刺，每一根分枝上有三片叶，叶片上面光滑翠绿，背面青翠，叶缘多锯齿，花蒂呈青色，花萼呈红色，等到花开时变成白色，花朵有淡香。种荼蘼花要用高高的架子对其枝干进行牵引，让枝干弯曲攀缘向上生长，二三月的时候花开一片，就可以观赏了。还有一种颜色像黄酒，与普通荼蘼同一时期开放，名字本来写作“荼蘼”，后来又加上一个“酉”字，写作“酴醾”。

辛夷花[1]

花木高数尺，叶似柿而长，初出如笔。正二月开花，花落无子，夏秋再着花，而小紫苞红焰。一名木笔，一名侯桃，《离骚经》所谓辛夷即此。

注释

〔1〕《辛夷花》摘自《山堂肆考》。

译文

辛夷花的树高好几尺，叶子像柿树的叶子且细长，花蕾像笔头，正月、二月的时候开花，花凋谢了没有种子，夏、秋季还会再生出花来，但这茬花的花苞小且呈紫红色，如火焰一般。一个名字叫“木笔”，一个名字叫“侯桃”，也就是《离骚》中说的“辛夷”。

棣棠[1]

即棠棣也，树似白杨，世传其花反而后合。《诗》：“棠棣之华，偏其反而。”即此。

注释

〔1〕《棣棠》摘自《山堂肆考》。

译文

棣棠也就是棠棣，树像白杨树，世间流传说棣棠的花会翩翩摇摆，而后合在一起。《诗经》中有首诗写道：“棠棣之华，偏其反而。”就是这个意思。

石榴花[1]

来自安石国，故名曰石榴，或曰安榴；亦有来从新罗国[2]者，故又以海榴名之。其花跗萼皆真红色，如小琴轸[3]样，花面开寸许，瓣如拶[4]，丹须黄果，密叶修条，盛夏花开，闪烁可爱。有千叶者，有黄花者，有红花白缘者，有白花红缘者，又有一种花员如宝珠，名宝珠榴。又有所谓山石榴者，乃杜鹃花别名，不可认为一类。

注释

〔1〕《石榴花》摘自《山堂肆考》。

〔2〕新罗国：古代朝鲜半岛上的国家之一。

〔3〕琴轸（zhěn）：古琴上调弦的小柱。

〔4〕拶（zǎn）：拶子，古时用于夹手指的刑具。

译文

石榴花产自安石国，因此名为“石榴”，或者“安榴”；也有从新罗国传过来的，因此又叫“海榴”。它的花蒂、花萼都呈红色，像古琴上调弦的小柱，花朵盛开时直径可达一寸多，花瓣像拶子，生有红色的花蕊、黄色的果实、茂密的叶子、细长的枝条，盛夏开花，耀眼而让人喜爱。有千叶的，有开黄花的，有红花白边的，有白花红边的，还有一种宝珠榴，花朵圆圆的像宝珠一般。又有所谓的山石榴，其实是杜鹃花的别名，不能把它们看成同一种植物。

葵花[1]

其种类颇繁，取其可食名葵菜，取其叶名蒲葵，取其花可玩名蜀葵。花有五色，惟黄者叶尖小而多缺刻，夏末花开。又有花小叶圆，名锦葵，一名戎葵。又有一种丛低者，名钱葵。

注释

〔1〕《葵花》摘自《山堂肆考》。

译文

葵花的品种繁多，可以吃的叫“葵菜”，可以观叶的叫“蒲葵”，可以赏花的叫“蜀葵”。葵花有五种不同颜色的品种，只有开黄花的品种叶片又尖又小而且多锯齿，夏末的时候开花。又有一种花朵小而叶片呈圆形的叫“锦葵”，也叫“戎葵”。还有一种丛生低矮的叫“钱葵”。

玉簪花[1]

按汉武帝宠李夫人，取玉簪搔头，后宫人皆效之，玉簪之名疑始此。

注释

〔1〕《玉簪花》摘自《山堂肆考》。

译文

据记载，汉武帝宠爱李夫人，用其玉簪挠头，后来宫中人都模仿她戴玉簪，这可能就是玉簪花名字的起源。

鸡冠花[1]

苏子由诗注[2]，矮鸡冠，即玉树后庭花也。

注释

〔1〕《鸡冠花》摘自《山堂肆考》。

〔2〕苏子由诗注：宋朝苏辙在其所作之诗《寓居六咏·其五》后自注“或言，矮鸡冠即玉树后庭花”。

译文

苏辙在自己作的诗后注释说，矮鸡冠就是玉树后庭花。

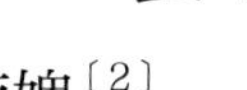

金凤花[1]

一名凤仙，张宛丘菊诗中评为菊婢[2]。

注释

〔1〕《金凤花》摘自《山堂肆考》。

〔2〕张宛丘菊诗中评为菊婢：张宛丘即宋朝文学家张耒。其在《自淮阴被命守宣城复过楚雨中遇道孚因同诵楚》中写道：“金凤汝婢妾，红紫徒相鲜。”

译文

金凤花也叫凤仙花，张耒在菊诗中将其评为菊婢。

金钱花[1]

花以金钱名，言其形之似也，惟欠棱郭[2]耳。《风土记》，日开而夜落，花时常在于秋。

注释

〔1〕《金钱花》摘自《山堂肆考》。

〔2〕棱郭：轮廓。

译文

花以金钱为名，是说它们的形状相似，只是轮廓有所不同。《风土记》中记载，金钱花白天开花，夜晚凋谢，开花时常常在秋季。

瑞香花[1]

树高者三四尺许，枝干婆娑，叶厚深绿色，有杨梅叶者，有枇杷叶者，有柯叶者，有毬子者，有栾枝者。花紫色，性喜温润，他有黄白二色者，特野瑞香耳。其种始出于庐山，缘一比丘[2]昼夜寝盘其上，梦中闻花香酷烈，及既觉，寻求得之，因名睡香，四方奇之，谓为花中祥瑞，遂以“瑞”易“睡”。

注释

〔1〕《瑞香花》摘自《山堂肆考》。

〔2〕比丘：年满二十，受过具足戒的男性僧人。

译文

瑞香花树高三四尺，枝叶扶疏，叶片厚实呈深绿色，有的像杨梅叶，有的像枇杷叶，有的像柯木叶，有的花成团开放如球，有的枝干像栾树枝。瑞香开紫色花朵，喜欢温暖、湿润的环境，另外还有黄色和白色的两种，是野瑞香。瑞香原产自庐山，相传一位僧人早晚在庐山休息，梦中闻到了浓烈的花香，一觉醒来，四处找寻，得到了这种花，因此命名“睡香”，周围的人都觉得很奇妙，说其花中有祥瑞之气，于是将“睡”改成“瑞”。

薝蔔花[1]

一名栀子花，叶厚深绿，如兔耳。凡草木花多五出，此花六出，色白心黄。又一种花叶差大，谢灵运目为林兰。

注释

〔1〕《薝蔔花》摘自《山堂肆考》。

译文

薝卜花又叫“栀子花”，叶片厚实，呈深绿色，像兔耳朵一般。植物的花朵大多是五瓣，薝卜花有六瓣，花瓣为白色，花心为黄色。还有一种花朵和叶片与普通的差异都很大，谢灵运称它为“林兰”。

山矾花[1]

俗名椗花，枝肥叶密，凌冬不凋。花色白，未开时与木犀相似，及开差大，香气秾郁，号七里香。

注释

〔1〕《山矾花》摘自《山堂肆考》。

译文

山矾花俗名“椗花”，枝干粗壮，叶片茂密，冬季也不凋零。花朵呈白色。还没开的时候和木樨很像，等到盛开了就差别很大了，香气浓郁，号称“七里香”。

丽春花[1]

莺粟花别种也，丛生柔干，多叶有刺，有红紫白三色，而三色之中，红色者又多变态，惟金陵产者，独胜他处耳。

注释

〔1〕《丽春花》摘自《山堂肆考》。

译文

丽春花是罂粟花的一个品种，丛生，枝干柔软，叶片多，有刺，有红、紫、白三种颜色，其中红色的变种较多，金陵产的胜过其他地方的。

百合花[1]

此花亦名合欢，亦名合昏，其叶至暮而合，故云百合。苗高数尺，干粗如箭，四面有叶如鸡距[2]，又似柳叶青色，近茎微紫，茎端碧白，四五月开红白花，根如胡蒜，重叠生二三十瓣。

注释

〔1〕《百合花》摘自《山堂肆考》。
〔2〕鸡距：雄鸡的后爪。

译文

百合花也叫“合欢花”“合昏花”，它的叶片到晚上就会合起来，因此叫百合。花苗高几尺，茎干粗如箭，四面都生有叶片，状如鸡爪，颜色与柳叶的青色接近，靠近茎的地方呈浅紫色，茎的末端又是青中透白，四五月的时候开红色或白色的花，根像胡蒜，重重叠叠有二三十瓣。

〔清〕恽寿平

佛桑花[1]

树生枝柯柔弱，叶深绿，微蕊如桑，花赤如蜀葵，五六出，朝生暮陨。有白花者，有千叶者，篱落间多有之。

注释

〔1〕《佛桑花》摘自《山堂肆考》。

译文

扶桑花的树枝柔软细弱，叶片呈深绿色，细小的花蕊像桑树花，花朵红得像蜀葵，花瓣有五六片，早上绽放，晚上凋谢。有开白色花的，有生长着上千片叶子的，篱笆院落中种得较多。

夜合花[1]

能安和五脏，利心志，令人欢乐无忧。叶似皂荚槐树，细而且密，互相交结，□风来一似相解不相牵。缀其叶，至暮而合，名夜合。五月花发，红白色，瓣上若丝茸，至秋而实，作荚子，极薄细，惟益州及近洛等处所产为得其土性之正也。

注释

〔1〕《夜合花》摘自《山堂肆考》。

译文

夜合花能调和五脏，有利于稳定心神意志，让人感到快乐没有忧愁。叶片和皂荚、槐树的很相似，非常细密，相互交错，□风吹过来，叶片似乎彼此分开并未相连。花朵点缀在叶片中间，到晚上就会合上，因此叫“夜合花”。它五月开花，花呈红色或白色，花瓣上好像有茸毛，秋季结果实，形成荚子，非常细薄，只有益州和靠近洛阳的地方出产的夜合花是最正宗的。

萱草花[1]

一名宜男，一名忘忧，跗六出，叶四垂，春末夏初着花，有细①黄紫三种，又一种名凤头。或曰一名鹿葱，误矣。

校勘

① 细：《山堂肆考》中本为“红”，疑为作者误抄。

注释

〔1〕《萱草花》摘自《山堂肆考》。

译文

萱草花又叫“宜男”“忘忧”，花萼有六瓣，叶片向四面下垂，春末夏初开始长花苞，有红色、黄色、紫色三种花色，还一种叫“凤头”。有人说萱草花还有一个名字叫“鹿葱”，这是不对的。

朱槿花[1]

茎叶皆如桑，自二月开花，至仲冬乃歇，朝开暮落，插枝即活，一名赤槿，一名日及，即《诗》所谓蕣华[2]是也。又有黄白色者。

注释

〔1〕《朱槿花》摘自《山堂肆考》。

〔2〕蕣华：亦作舜华。《诗经》：“有女同车，颜如舜华。将翱将翔，佩玉琼琚。彼美孟姜，洵美且都。”

译文

木槿花的茎和叶都与桑树的很像，从二月开始开花，花期一直持续到仲冬，花朵于早上盛开，晚上凋零，扦插就能成活，又名“赤槿”“日及”，也就是《诗经》中所说的“舜华”。还有黄色和白色的品种。

素馨花[1]

旧名那悉茗，与茉莉花皆胡人从西域移入南海，自此中国所在而有。其花四瓣，有黄白色者，藤身枝袅娜，叶小甚，无刻缺，而香不及于茉莉云。

注释

〔1〕《素馨花》摘自《山堂肆考》。

译文

素馨花过去叫“那悉茗”，和茉莉一样都是胡人从西域引进的，从那以后中国才有了素馨花。素馨花的花瓣有四枚，有黄色的和白色的，藤枝细长柔软，叶片很小，边缘没有锯齿，但是香味比不上茉莉花。

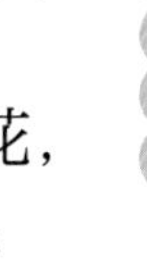

牵牛花[1]

蔓生，傍篱落而上，叶有棱角，与枫叶相类。夏月着花，如鼓子稍大，作碧色。其子可入药也，此药始出田野，人牵牛易药，故以名之。

注释

〔1〕《牵牛花》摘自《山堂肆考》。

译文

牵牛花是藤蔓植物，攀附着篱笆向上生长，叶片有棱角，和枫叶相似。夏季开花，像鼓子花，又稍微大一些，呈碧绿色。它的果实可以入药，这种药最先出现在田野间，人们常牵着牛来换药，因此名为“牵牛花”。

木兰花[1]

树高八九尺，味辛，经寒不凋，花□□□，香不及桂，二三月间开也。

注释

〔1〕《木兰花》摘自《山堂肆考》。

译文

木兰有八九尺高，味道辛辣，历经寒冬也不凋零，花□□□，香味比不上桂花，二三月的时候开花。

附泣友文

泣友自泣，惨切动人。

吾友艾木田[1]，讳然者，儒而洁者也。明季即辞泮宫[2]，以花木为业，于东关外置一圃，名为万木园，门标一对云：“植木代耕，卖花买酒。”余经其地，见而奇之，遂造庐请教，出《卖花咏》《盆景诗》示余，议论颇惬，故与交厚，此识荆之始事也。

及兵变改革后，友朋殷豪自恃者，破家丧躯，指不胜屈，独木田仍守故园无恙，可见世事之不足凭也。闻而往访，虽茅簷土壁不加粉饰，而竹木重阴尽堪幽赏，且木田忽而儒冠，忽而野服，时僧时俗，又自号野人，总出一种高尚不群之气。愤发莫能自由也。自此重整旧好，又学少翁[3]后一人也，凡遇花开酒熟无不邀赏，不觉余年已及古稀，而木田亦近八旬，方幸窃比商山[4]，以点缀晚年风景。忽于修《录》之年，已及腊杪，来□□余，惠余白箑[5]一柄，上书《菊债吟》[6]六首，请为郢正入《录》。读之烟霞满纸，清韵逼人，将俟稿成即送评阅。不期新正之朔六日，而讣音至矣，不觉号天痛哭，何夺我翁之速也？是惠扇竟成遗念，而《菊吟》

又是断肠诗也。睹物伤心，恨不能相从于地下也。余因是废寝忘餐，一病莫起者旬日。子辈奠丧归问，云已遵遗命，即葬万木园矣。

吁，生亦花，死亦花，翁得其所矣。惟是今而后，有花谁与共赏，有酒谁与共斟？止留我不时之痛，无尽之想，又不禁仰面号天大哭也。

临园致奠，翁自有灵，来其飨之。

注释

〔1〕艾木田：艾然。清朝章学诚《章氏遗书·湖北通志检存稿》记载：“艾然，字然，明江夏诸生，淡于进取，诗酒自豪，所居东门外，筑圃莳花，诸王孙多从之游。崇祯癸□，城陷，挈妻子走避鹿泉山，拾野蔬自给。后妻死益自放。国初，返东郭，结茅旧址，手种桃梅花果，而题其居曰‘万木园’，署其门曰‘卖花沽酒’。读书务览大概，不求甚解，著《周易疏》，无一剿说。性孤戆，见非礼，辄发竖眦裂，晚年气稍平易，署其斋曰‘待尽庵’，年七十有三卒。”

〔2〕泮宫：官府所办的学府。

〔3〕少翁：李少翁，汉朝方士，相传其以方术召唤了汉武帝已卒妃子王夫人之魂魄，获封文成将军。此处或另有他指。

〔4〕商山：商山四皓的简称，指秦朝末年的四位隐士东园公唐秉、绮里季吴实、夏黄公崔广、角里先生周术，为避乱世，隐居商山。

〔5〕白箑（shà）：白扇。

〔6〕《菊债吟》：后文中亦出现《菊吟》《债菊吟》的说法，据推断应为同一作品。

译文

题注：为好友哭泣，悲痛万分。

我的朋友艾木田，名讳为“然”字，其人儒雅高洁。他于明朝末年战乱之时离开了学府，以栽培花木为业，在东关外置办了一个苗圃，命名为万木园，大门处写有一副对联：“植木代耕，卖花买酒。”我路过此处时看到了，引以为奇，于是上门拜访请教，他拿出《卖花咏》《盆景诗》给我看，讨论过后，心满意足，因此和他结下了深厚的友谊，这就是我与他初次相识的经历。

战乱之后，不少家境殷实的朋友家破人亡，只有艾木田仍然守着万木园没有受到波及，可见世间的事都不足以让他烦恼。我听说后去拜访他，虽然其居所只是茅草屋、泥土墙，没有粉刷修饰，但是竹林树木郁郁葱葱，任凭人静静欣赏，而艾木田一会儿打扮得像儒生，一会儿穿得像村野平民，一会儿超脱世外，一会儿如世间俗人，又自号野人，总有一种高雅非凡的气质。感慨不能逍遥自在啊！从此以后，我重新拾起过去的爱好，又是一个学习少翁的人，只要遇到花开酒好就相邀品鉴，不知不觉就到了七十岁，而艾木田也将近八十岁了，这才庆幸私下自比商山四皓，以点缀晚年生活。在我编写《赏花幽趣录》的那一年，艾木田于年末来□□我，赠予我一柄白扇，上面写着六首《菊债吟》，请我斧正并收录到书中。作品读来精妙绝伦、清韵逼人，我想等书稿完成后就马上送给他品鉴。不料新年正月初六却传来了艾木田离世的消息，我听闻后不自觉号啕

〔清〕任熊

痛哭，为什么要这么快夺走他的生命啊？这送来的扇子竟然成了遗物，那《菊吟》之诗也成了断肠诗。我看见扇子就悲痛不已，恨不得跟他一起到阴曹地府去。于是我睡不着觉，吃不下饭，一病不起近十天。询问为他办理丧事归来的子辈，说是已经遵从了艾木田的遗愿，将其安葬在万木园了。

唉，活着与花相伴，死了也与花相伴，他也算是圆满了。只是从今往后，还有谁能与我一起赏花品酒呢？只留下我时常感到悲痛，思念无穷尽，想到这里又忍不住号啕大哭。

到万木园来祭奠你，你如果在天有灵，就来享用这些祭品吧。

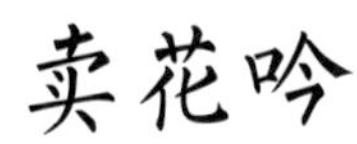

万木园林接市廛[1]，市中有酒沽如泉。朝来只为杖头[2]短，香花小树卖花钱。一年计日三百六，一日计木三十椽。一日计酒须一斗，一斗计钱五十圆。醉是酒乡木是田，千棵奴木[3]无凶年。不是立心仿和靖[4]，不是有意学陶潜。不因怕俗方栽竹，不因讲学始爱莲[5]。诵读已老渔樵懒，惟有郭橐种树缘。

注释

〔1〕市廛：店铺集中的市区。

〔2〕杖头：杖头钱的简称，指买酒钱。

〔3〕奴木：木奴，指橘树。

〔4〕和靖：宋朝诗人林逋，被称为“和靖先生”。

〔5〕爱莲：宋朝周敦颐著《爱莲说》，他晚年在庐山莲花峰建濂溪书堂讲学。

译文

万木园的林子连接着店铺众多的市区，其中卖酒的商铺很多。一早赶来只因为买酒钱太少，那是卖花木得来的。一年约有三百六十天，一天大概卖三十棵树。一天要喝一斗酒，一斗酒大概要五十文铜钱。沉醉之处是酒乡，有树之处就是田，种下千棵橘树便可避免灾祸。不是有心效仿林逋，也不是有意学习陶渊明。不是因为怕落入世俗才栽竹子，也不是因为需要讲学才爱莲花。我年岁已高不适合读书，又懒得捕鱼劈柴，只是和郭橐驼一样与种树结缘罢了。

盆景诗

万木丛丛手自栽，繁华端惹俗人来。争看尺寸丹青树，不顾舆轮杞梓材。老干披枝颠作顶，新花着雨细添苔。闲居多少经心事，只赚人间浊酒杯。

译文

万千树木都是我亲手栽种的，繁茂的样子尽引来世俗之人。他们争着欣赏罕见的丹青树，却不管种树之人的技法多么精妙。老树的枝干在高处舒展，刚种的花卉沐浴在雨中又添了一些青苔。悠闲的日子没有什么烦心事，只想赚取一些买酒钱。

〔清〕任熊

债菊吟

菊花争向野人家，不逐东风何怨嗟？自谓与君相惜得，为谁强伴入官衙？

篱边无酒一垆茶，纵不飞觞也坐花。何事连朝驱使尽，令伊惭愧到人家。

赤白红黄姊妹齐，见金不有各东西。看来一种娇无异，却似逐鸡乃嫁鸡。

奴木千头百计慵，道人非圃亦非农。但能不失清贫志，曾向人前齿素封〔1〕。

旧日青门五色瓜〔2〕，新来黄菊满陶家。莫言不及松颜老，岁岁年年九月花。

醉染霜林落叶勤，安排石枕卧松云。黄花别去柴门扃，破得寂寥有此君。

辛苦半年，尽皆纳官分友，故有其吟。

注释

〔1〕素封：受条件所限，无法获得官爵封邑，却通过其他劳作实现自己价值的人。

〔2〕青门五色瓜：汉朝初期，原秦朝东陵侯邵平沦为平民，种瓜于长安城东以谋生，所得之瓜品质极高，被称为“东陵瓜”，又名“青门瓜”。

译文

菊花在偏远乡野纷纷盛开，不追逐春风又有什么好遗憾的呢？自谓与菊花惺惺相惜，怎能勉强自己进入府衙为官？

家里没有美酒只有清茶一壶，纵然不能举杯共饮美酒，也可以坐赏花色。是什么连日驱遣菊花花开不断，让它因去到了别人家中而感到惭愧。

红色、白色、黄色、粉色的菊花都聚齐了，有人付钱就让它们各奔东西。看上去娇俏无比的花，却似乎只能嫁鸡随鸡。

橘树千方百计地展现慵态，种树之人不是园丁也不是农人。只要能像菊花一样不失去朴素坚毅的品格，就可以说实现了自己的价值。

前有东陵侯在长安城东种下香甜可口的五色瓜，后有陶渊明在家中栽满黄色的菊花。别说菊花比不上青松四季常青，你看它岁岁年年都在九月盛开。

秋日，经霜的枫叶像是醉酒之人酡红的脸蛋，树木的叶片纷纷飘落，准备一个石枕安卧在云雾缭绕的松林中，逍遥自在。辞别菊花关紧柴门，园中寂寥冷清，好在有花相伴。

注：辛苦半年栽种的菊花，全都或卖或送，给了官府之人和朋友，因此写下这些诗。

知翁三宜椅铭

号三宜，是余新制为花亭午睡之用者。复有枕，可以仰卧；前有伏□，可以扑眠；下有木磙，可以舒足。

温公警枕〔1〕，贾山转木〔2〕，勤乃正事，实劳筋骨。惟兹一椅，名曰三宜，倦飞而还，休养堪资。仰寻黑恬〔3〕，枕若游仙。日长午梦，元首泰然。曲肱欲凭，前列伏衡，无事指禅，两腋风生。下似辘轳，以纵踵趾，动任自由，跏趺〔4〕何取？如是身安神全，克期克颐，与之永年。

注释

〔1〕温公警枕：温公，宋朝政治家、文学家司马光；警枕，木制的圆形枕头。据宋朝范祖禹《司马温公布衾铭记》记载，司马光“以圆木为警枕，小睡则枕转而觉，乃起读书”。

〔2〕贾山转木：贾山，汉朝政论家。转木，不明，疑为警枕之类。

〔3〕黑恬：又作黑甜，形容酣睡。出自宋朝苏轼《发广州》：“三杯软饱后，一枕黑甜余。”

〔4〕跏趺：疑为跏趺，盘腿而坐。

译文

题注：此椅号三宜，是我为了在花亭中午睡新做的。椅子带枕头，可以仰卧其上；前面有伏□，可以趴着睡觉；下面有一个木磙，可以用来按摩脚部。

司马光有警枕，贯山有转木，勤奋虽重要，但像他们这样却会让筋骨劳累。只有这一把椅子，取名三宜，外出疲倦而归的时候躺上去，特别适合休养身心。仰卧时可以酣眠，枕在枕头上就像是四处游历的神仙，夏日睡个午觉，头部非常放松。弯折胳膊想要有所倚靠，可以趴在椅子上，两手放松垂悬，腋下有清风吹拂。脚下像踩了一个轱辘，可以按摩足底和脚趾，活动全由自己，哪里还想盘腿而坐呢？它像这样让我身心俱安，我更应对其定期保养，希望能长久地使用它。

〔清〕恽寿平

策杖铭

怪藤邛竹为之，此余老人所用。

此君忙则乃君闲，忙人所不忙，闲人所不闲，不惟远祸，更可延年。

译文

题注：以怪藤邛竹所制，是我们老年人用的。

拐杖忙的时候就是你清闲的时候，忙人所不忙，闲人所不闲，不仅能让人远离灾祸，还可以让人益寿延年。

禅杖铭

吟赏心竹，余学禅所用。

节高尘不染，心实魔难人。倦同襴眠月伴，间随芒履步云溪。

译文

题注：吟赏心竹，这是我学习佛法时用的。

高风伟节不沾染尘俗，内心坚实不会轻易动摇。疲倦的时候拥着破衣，伴着明月安眠；悠闲的时候穿着草鞋漫步云雾缭绕的溪谷。

求竹作杖札

生平多伏扶持，叨爱不自今始也。闻贵治产邛竹，欲求一为杖，俾晚年涉世不致颠扑，则终身仗恩矣。

译文

我这一生许多时候都要依靠竹杖的扶持，对它的喜爱也不是从今天才开始的。听说贵地盛产邛竹，我想求来一根做成竹杖，让我年迈时走路不至于跌倒，如果这个请求可以得到满足，我一辈子都会感激这份恩情。

〔元〕吴镇

谑友三札往作。

翁兄纳宠[1]，培园以俟，扎取紫竹，如命奉上。幸植瑶台，请新夫人端坐于前，作《观音图》画，虔诚拜祷，未必不发慈悲心也。此复。

承索《培花录》，已检付来手。从此翁兄追红逐绿，诗酒陪欢，花神又添一好友也。但不可令醋君窃见此录，定投之水火也，慎之。谨复。

承惠秋海棠，弟珍植凉亭阴畔，临轩时玩，余暑顿消，不啻赠我清凉散也。因思“请君伴花眠”之句，恐畏醋转致，则便易吾兄多矣。俟讯明方谢，先此草复，何如？

注释

〔1〕纳宠：纳妾。

译文

题注：过去的作品。

兄长纳妾，我在园中栽种了花木等候，收到来信说需要紫竹，皆奉命献上。有幸将其种在华美的楼台处，让新夫人端坐在前方，又画了一幅《观音图》，虔诚地跪拜祈求。观音菩萨若有知，未必不会大发慈悲满足祈福之人的心愿。特此回复。

承蒙你想要《培花奥诀录》，已经交付给你派来的人了。从今

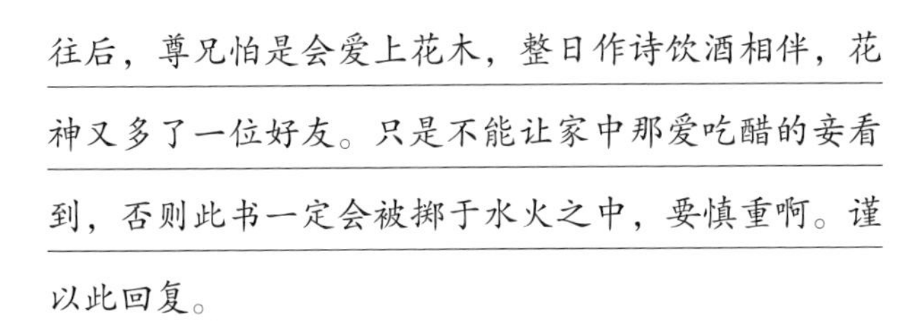

往后，尊兄怕是会爱上花木，整日作诗饮酒相伴，花神又多了一位好友。只是不能让家中那爱吃醋的妾看到，否则此书一定会被掷于水火之中，要慎重啊。谨以此回复。

谢谢你送来秋海棠，我将其种植在凉亭的背阴处，每当到凉亭赏玩时，暑气就都消解了，就像是送给我清凉散一样。由此想到“请君伴花眠”的诗句，想来你恐是担心家中有人吃醋便将这秋海棠转送给了我，这样的话我也算帮了兄长一个大忙。等有了确切的消息再正式致谢，先在此粗略回复，怎么样？

〔清〕任伯年

赏花幽趣后叙

花□，余严君素好也，老年益笃，不惟遍访名园□□求赏，即途遇担负，亦必留盼，若属花贩，则延□□实，不论物力艰难，必以偿售得花为快，可称□好之甚者也。余虽释褐，犹困家园，诸弟亦仅厕名黉宫，株守穷经，□□□□之□□尽□省之私。严君又林居有年，家□□□□□多窘，实为家门忧也。初以嗜花□事，□□□君，□转而思之，又为严君幸也。何也？□□□□□□□□于栽花□，□□□□□□□□□□□□□□□家之穷□□也。□□□□□□□□□□□□以□其爱养之心。□又□有《赏花幽趣录》[1]一部，以□□好□怀。□□□□□□□□□□□□□□□□□□□。

□□□心留□，□□自□不便示□不□兰处幽□□□□□□□□□□□□□□□□□不□凡几。今□完□□□□□□□□授之□，□公□以普幽赏之趣为愈也。严君因可其请，而宇内又□□□雅□滴书也。谨跋。

困园武先男敬识于黄谷山房[2]

注释

〔1〕《赏花幽趣录》：原版模糊不清，根据字形和上下文推测为《赏花幽趣录》。

〔2〕困园武先男敬识于黄谷山房：困园，疑为号。武先男，疑为孙知伯的儿子，名武先。识，指题、写。黄谷山房，疑为书斋名。疑因年代之由，落款信息非常隐晦，几无资料可查。

译文

花□，我父亲一直很喜爱，年纪大了更加坚定，不仅到处拜访有名的花园□□求赏，即使是路上遇见有人用担子挑着花，也一定加以挽留欣赏，如果是花贩，就延□□实，不管多么拮据，也一定要买到花才高兴，可以说是爱花到了极点。我虽然开始任官职，但仍为家事所困，几位弟弟也尚在学宫，坚守着钻研典籍，□□□□之□□尽□省之私。父亲又在山林中居住了好多年，家□□□□□多窘迫，实在是为家门担忧啊。最开始认为痴爱花木□事，□□□君，后来反过来一想，又为父亲感到庆幸。为什么呢？□□□□□□□□□于栽花□，□□□□□□□□□□□□□□家庭的贫困□□也。□□□□□□□□□□□以□其爱养之心。□又□有《赏花幽趣录》一部，以□□好□怀。□□□□□□□□□□□□□□□□□□□□□□□。

□□□心留□，□□自□不便示□不□兰处幽□□□□□□□□□□□□□□□□不□有多少。今□完□□□□□□□交付□，□公□以普幽赏之趣为快乐。父亲于是答应了他的请求，而屋里又□□□雅都记载下来。以此作跋。

困园武先男敬题于黄谷山房

〔清〕恽寿平

〔清〕郎世宁